Cadernos de Lógica e Computação

Volume 7

Aprenda Prolog Já!

Volume 1
Fundamentos de Lógica e Teoria da Computação. Segunda Edição
Amílcar Sernadas e Cristina Sernadas

Volume 2
Introdução ao Cálculo Lambda
Chris Hankin. Traduzido por João Rasga

Volume 3
Uma Versão Mais Curta de Teoria dos Modelos
Wilfrid Hodges. Traduzido por Ruy J. G. B. de Queiroz

Volume 4
Incompletude na Terra dos Conjuntos
Melvin Fitting. Traduzido por Jaime Ramos

Volume 5
Elementos de Matemática Discreta
José Carmo, Paula Gouveia e Francisco Miguel Dionísio

Volume 6
Lógica e Raciocínio
João Pavão Martins

Volume 7
Aprenda Prolog Já!
Patrick Blackburn, Johan Bos, Kristina Striegnitz. Traduzido por Paula Gouveia e Jaime Ramos

Coordenadores da Série Cadernos de Lógica e Computação
Amílcar Sernadas e Cristina Sernadas   {acs,css}@math.tecnico.ulisboa.pt

Aprenda Prolog Já!

Patrick Blackburn
Johan Bos
and
Kristina Striegnitz

Traduzido por
Paula Gouveia e Jaime Ramos

© Individual author and College Publications 2014. All rights reserved.

ISBN 978-1-84890-155-1

College Publications
Scientific Director: Dov Gabbay
Managing Director: Jane Spurr

http://www.collegepublications.co.uk

Cover designed by Laraine Welch
Printed by Lightning Source, Milton Keynes, UK

All rights reserved. No part of this publication may be reproduced, stored in a retrieval system or transmitted in any form, or by any means, electronic, mechanical, photocopying, recording or otherwise without prior permission, in writing, from the publisher.

Prefácio à primeira reimpressão

Que grande ano foi este! O interesse em *Learn Prolog Now!* continua a aumentar. A editora College Publications publicou a primeira edição em Junho de 2006 e desde então o número de visitas ao sítio www.learnprolognow.org tem vindo constantemente a aumentar. O mês em que foi mais visitado foi Maio de 2007, com 6322 visitantes; um leitor submeteu o endereço electrónico do livro ao Reddit (http://programming.reddit.com) e por alguns momentos sentimo-nos um pouco como os Smosh!

Continuamos a receber com prazer os emails de estudantes e professores que usam este texto. Alguns indicam gralhas, outros relatam as suas experiências ao aprender ou ensinar com o livro, e um número apreciável apenas quer dizer "Obrigado!". Rapidamente se começou a tornar claro que estava na altura de fazer uma primeira reimpressão (corrigida).

Mas o que nos fez começar a trabalhar foi o aparecimento súbito de uma tradução francesa. Hélène Manuélian, que começou a traduzir o livro pouco depois da sua edição em papel, terminou antes do previsto — e assim ficámos também com *Prolog Tout de Suite !* nas mãos! Isto inspirou-nos a começar a tarefa de corrigir e melhorar a versão inglesa.

Assim, ei-lo de novo, de cara lavada. Uma vez mais, se gosta do sítio do livro na internet, esperamos que goste ainda mais da (nova!) edição em papel. E, como de costume, desejamos-lhe todo o sucesso no seu esforço de Aprender Prolog Já!

Agradecimentos

Uma vez mais estamos em dívida com muitas pessoas: todos os que nos enviaram comentários à primeira impressão e ao sítio do livro, e (como sempre) à infatigável Jane Spurr. No entanto, desta vez, devemos um agradecimento especial a Sébastien Hinderer, Eric Kow, Matthieu Quignard, e (claro) a Hélène

Manuélian. O seu trabalho em *Prolog Tout de Suite !*, não só deu origem a uma boa tradução, mas também nos ajudou na preparação do presente volume. Calorosos agradecimentos a todos.

Patrick Blackburn
Equipa TALARIS
INRIA Nancy Grand-Est, França

Johan Bos
Departamento de Ciência da Computação
Universidade de Roma "La Sapienza", Itália

Kristina Striegnitz
Departamento de Ciência da Computação
Union College, Schenectady, NY, Estados Unidos da América

Outubro de 2007.

Prefácio

O livro *Learn Prolog Now!* tem uma longa e complicada história. Em 1995, os três autores estavam no Departamento de Linguística Computacional, na Universidade do Sarre, em Saarbrücken, Alemanha. O Johan, que estava a ensinar a introdução ao Prolog nesse ano, trabalhava com o Patrick numa introdução à semântica da língua natural baseada em Prolog.[1] Decidiu preparar um pequeno texto pedagógico sobre Prolog que pudesse também ser usado como apêndice ao livro de semântica computacional.

A ideia era boa, mas não foi assim que aconteceu. Em primeiro lugar, entre 1996 e 2000, o Patrick e o Johan repensaram a estrutura dos cursos de Prolog, e durante este processo o texto assumiu dimensões de livro. Depois, entre 2001 e 2004, a Kristina assumiu a docência do curso, acrescentou material novo e (acima de tudo) disponibilizou o texto *Learn Prolog Now!* sob a forma de livro na internet.

Rapidamente se percebeu que tínhamos um sucesso nas mãos: recebemos muitos emails e o sítio eletrónico recebeu cerca de 4000 visitas por mês. Na verdade, colocou-nos perante um dilema. Queríamos publicar *Learn Prolog Now!* como um livro (de baixo custo) — mas simultaneamente *não* queríamos uma editora a pedir-nos para retirarmos a versão eletrónica gratuita.

Felizmente, Vincent Hendricks veio em nosso auxílio (obrigado Vincent!). Falou-nos da editora College Publications, uma nova editora de Dov Gabbay, que tinha sido especificamente criada para permitir aos autores manterem o copyright. Foi um casamento feito no céu. Graças à editora College Publications pudemos disponibilizar *Learn Prolog Now!* sob a forma de livro a um preço módico, mantendo disponível a versão eletrónica.

E este é o livro que está agora a ler. Tem vindo a ser depurado, primeiro por alunos de Saarbrücken durante quase uma década, e depois na *16th European Summer School in Logic, Language and Information* que teve lugar em Nancy, França, em Agosto de 2004, na qual a Kristina lecionou uma introdução prática

---

[1] *Representation and Inference for Natural Language: A First Course in Computational Semantics*, Patrick Blackburn e Johan Bos, CSLI Publications, 2005.

ao Prolog. Como esperamos que o leitor rapidamente descubra, *não* precisa de frequentar um curso para acompanhar este livro. Tentámos que *Learn Prolog Now!* fosse autossuficiente e fácil de acompanhar, de modo a poder ser usado sem um professor. E esta é uma das formas mais populares de o usar, como confirmam os comentários que temos recebido.

Assim — está nas suas mãos. Gostámos muito de o escrever. Esperemos que goste muito de o ler, e que o ajude a aprender Prolog já!

Agradecimentos

Ao longo da existência de *Learn Prolog Now!*, quer como texto pedagógico quer como livro eletrónico, recebemos muitos emails, cujo conteúdo ia desde comentários úteis sobre o texto a pedidos de resoluções de problemas (alguns dos quais eram quase pedidos de resolução de trabalhos de casa!). Não podemos agradecer a cada um individualmente, mas recebemos de facto muitos comentários valiosos e estamos muito agradecidos. E se resolvemos alguns trabalhos de casa, não o vamos confessar...

Estamos muito gratos a Gertjan van Noord e a Robbert Prins que utilizaram versões preliminares de *Learn Prolog Now!* nas suas aulas na Universidade de Groningen. Transmitiram-nos comentários detalhados sobre os pontos fracos do texto e tentámos seguir os seus conselhos; esperamos ter conseguido. Gostaríamos também de dizer *Grazie!* a Malvina Nissim que nos sugeriu uma versão melhorada do Exercício 2.4, nos ajudou a formatar a versão final do livro, e foi sempre uma apoiante entusiasta ao longo de muitos anos.

Impõem-se alguns agradecimentos especiais. Em primeiro lugar, queremos a agradecer a Dov Gabbay por fundar a editora College Publications; possa ela fazer pela publicação académica o que a Licença Pública GNU fez pelo software! Em segundo lugar, um agradecimento sentido a Jane Spurr; *nunca* tivemos um editor tão prestável, competente e entusiasta, e *ninguém* responde tão rapidamente como a Jane. Em terceiro lugar, queremos agradecer a Jan Wielemaker (o Linus Torvalds do universo Prolog) por disponibilizar gratuitamente o SWI Prolog na internet. O SWI Prolog é um ambiente Prolog gratuito compatível com as normas ISO, sob licença pública *GNU Lesser*. Não sabemos o que teríamos feito sem ele. Estamos também muito agradecidos pelos seus comentários rápidos e informativos acerca de vários detalhes técnicos, e por nos encorajar a usar uma versão do Prolog compatível com as normas ISO. Por fim, um agradecimento a Ian Mackie e a um revisor anónimo por todo o tempo e energia dispendidos na penúltima versão do livro.

Patrick Blackburn
Johan Bos
Kristina Striegnitz
Maio de 2006.

Introdução

Em primeiro lugar, o que é o Prolog? É uma linguagem de programação, mas uma linguagem pouco usual. A designação "Prolog" é uma abreviatura de "Programming with Logic", e apesar da relação entre a lógica e o Prolog não ser completamente imediata, é esta relação que dá ao Prolog o seu perfil especial. No âmago do Prolog está uma bonita ideia: não dizer ao computador o que fazer, mas descrever apenas as situações relevantes. E onde é que entra a parte computacional? Quando fazemos perguntas. O Prolog permite que o computador deduza (logicamente) factos novos acerca das situações descritas, e devolva essas deduções como respostas.

Isto traz diversas consequências. Em primeiro lugar, uma consequência prática: se o leitor for um programador experiente, poderá ser apanhado de surpresa pelo Prolog. Esta linguagem exige um tipo de raciocínio diferente. Terá de aprender a ver os problemas de um ponto de vista diferente. Usando a terminologia usual, vai ter de aprender a pensar *declarativamente*, em vez de *procedimentalmente*. Isto pode ser um desafio, mas é também divertido.

Uma segunda consequência da divisa Prolog "dizer qual *é* o problema em vez de dizer como o resolver" faz com este seja uma linguagem de muito alto nível. Como se verá, o Prolog permite descrever conceitos bastantes abstratos (por exemplo, a estrutura sintática de uma língua natural) de uma forma bastante sucinta. Estas descrições são de facto programas: trabalham a nosso favor se fizermos as perguntas certas. Por exemplo, tendo descrito a estrutura sintática da língua inglesa, podemos perguntar ao Prolog se determinadas frases são gramaticais ou não. O Prolog dar-nos-á a resposta, e se fizermos a pergunta certa, dar-nos-á até uma análise sintática.

A capacidade que o Prolog tem de permitir a descrição sucinta de situações complexas significa que é adequado para prototipagem rápida. Ou seja, se se tiver uma boa ideia e se se quiser escrever um programa que incorpore essa ideia, o Prolog é frequentemente uma excelente escolha. Com o Prolog, as ideias transformam-se muito rapidamente numa realidade computacional, pelo menos para certas aplicações. Que aplicações? As que dependem de lidar com estruturas complexas. As áreas de aplicação do Prolog incluem linguística computacional (ou processamento de língua natural, como é muitas vezes designada), inteligência artificial (IA), sistemas periciais, biologia molecular e a Web semântica. Onde quer que exista uma estrutura a ser descrita, ou conhecimento a ser representado, é provável que o Prolog seja chamado a dar o seu contributo.

O Prolog não é uma linguagem perfeita, e não é adequada para tudo. Se for necessário fazer manipulação intensiva de texto escolha-se Perl. Se for necessário um controlo rigoroso da memória, escolha-se C. Se se pretender uma linguagem matematicamente elegante sobre a qual se pode raciocinar facilmente, escolha-se Caml, Haskell, ou um dialeto simples do Lisp (como por exemplo Scheme). Mas nenhuma linguagem é boa para tudo, e as que tentam (recorda-se da linguagem Ada?) frequentemente fracassam. Como referimos, o Prolog é uma escolha natural para tarefas que envolvam representação de conhecimento, e existem muitas razões para o aprender. Se o leitor é um programador experiente, pensamos que irá gostar de aprender Prolog simplesmente por ser muito diferente; pensar declarativamente, ou quase declarativamente, pode levar o seu cérebro por novos e interessantes caminhos. Se o leitor tem pouca ou nenhuma experiência de programação, e nem sequer tem a certeza de que gosta de computadores, então existem excelentes razões para escolher o Prolog como primeira linguagem. Como é uma linguagem de alto nível, conseguirá fazer coisas interessantes muito rapidamente, sem ficar enredado em trabalho preliminar fastidioso. Para além disso, rapidamente aprenderá um certo número de conceitos fundamentais de programação, dos quais se destacam a recursão e as estruturas de dados recursivas, conceitos esses que serão úteis mais tarde se estudar outras linguagens. Por último, a ligação à lógica acrescenta uma dimensão intelectual fascinante ao processo de aprendizagem.

Qual é a origem do Prolog? Tem origem em Marselha, no sul de França. Alain Colmerauer e Philippe Roussel conceberam e implementaram o primeiro interpretador de Prolog em 1972. Uma das primeiras versões foi parcialmente implementada em Fortran, e parcialmente no próprio Prolog. Uma combinação interessante: é difícil encontrar duas linguagens tão diferentes como a linguagem de programação Fortran, que é uma linguagem imperativa, não recursiva e orientada para as aplicações numéricas e cálculo científico, e o Prolog, que é uma linguagem declarativa, recursiva e orientada para o cálculo simbólico. Alguns anos mais tarde, Robert Kowalski, que tinha trabalhado com a equipa de Marselha em 1971 e 1972, publicou o seu livro *Logic for Problem Solving*[2] que colocou o conceito de programação em lógica na agenda intelectual. Um outro passo importante foi dado em Edimburgo, em 1977, com a implementação por David Warren[3] do compilador DEC 10. Esta implementação, que conseguia

---

[2] *Logic for Problem Solving*, R. Kowalski, Elsevier/North-Holland, 1979.

[3] David H. D. Warren, *Applied Logic — Its Use and Implementation as a Programming*

competir (e por vezes ultrapassar) as implementações de Lisp mais sofisticadas ao tempo, fez do Prolog uma linguagem de programação séria, e não apenas uma curiosidade académica. Logo se seguiram desenvolvimentos interessantes. Por exemplo, Pereira e Warren, num artigo seminal, demonstraram que o mecanismo pré-definido em Prolog para manipular gramáticas de cláusulas definidas (GCDs) constituía uma forma natural de realizar certas tarefas em processamento de língua natural.[4]

Desde então a popularidade do Prolog tem crescido, em particular na Europa e no Japão (nos Estados Unidos da América o trabalho em IA tem sido tendencialmente baseado em Lisp). O Prolog é, foi, e será sempre, uma linguagem para um certo nicho. Mas o nicho que ocupa é fascinante.

Como tirar o melhor partido deste livro

O que dissemos acerca do Prolog até agora foi a um nível abstrato. Vamos agora mudar de registo. A forma de ensinar Prolog seguida neste livro *não* é abstrata, e *não* é certamente guiada por ideias abstratas (tal como a relação com a lógica). Na verdade, é muito terra a terra. Tentamos ensinar Prolog de uma forma tão concreta quanto possível. Dissemos que o Prolog não é apenas mais uma linguagem de programação, mas iremos ensiná-la como se fosse.

Porquê? Porque achamos que é a melhor abordagem num primeiro curso. Programar em Prolog é uma competência de índole prática. Existem conceitos concretos que têm de ser aprendidos, e acreditamos que o leitor deve tomar contacto com eles e aprendê-los o mais rapidamente possível. Isto não significa que consideremos a vertente abstrata do Prolog (e, em geral, a programação em lógica) pouco importante ou interessante. No entanto (a menos que o leitor tenha umas bases teóricas sólidas) estes conceitos mais sofisticados levam tempo a serem compreendidos e absorvidos. Entretanto, o leitor deverá começar por dominar os aspetos essenciais.

Por outras palavras, acreditamos que aprender uma linguagem de programação (qualquer uma, não apenas o Prolog) é muito semelhante a aprender uma língua estrangeira. E qual é o aspeto mais importante de aprender uma língua estrangeira? Na verdade, é *usá-la* e experimentá-la. É certamente agradável refletir sobre a beleza de uma língua, mas no fundo o que interessa realmente é o tempo que se gasta a dominar os aspetos essenciais.

Esta atitude influenciou fortemente o modo como o livro *Learn Prolog Now!* foi escrito. Em particular, como o leitor verá, cada capítulo encontra-se dividido em três partes. Em primeiro lugar está o texto. Depois vêm os exercícios. Por

---

Tool, Tese de Doutoramento, Universidade de Edimburgo. Escócia, 1977.
  [4] "Definite clause grammars for language analysis — a survey of the formalism and a comparison with augmented transition networks", F. Pereira e D. H. D. Warren, *Journal of Artificial Intelligence*, 13(3):231–278, 1980.

fim, existe aquilo que designamos por sessão prática. É muito importante enfatizar o seguinte aspeto: *as sessões práticas são a parte mais importante do livro*. É fundamental que o leitor se sente à frente de um computador, inicie uma sessão de Prolog, e siga o que é sugerido nestas sessões. Mas isto não é suficiente. Se o leitor pretende tornar-se um perito em Prolog, precisará de fazer muito mais do que lhe é pedido nestas sessões. Mas acreditamos que estas contêm o suficiente para o colocar no bom caminho.

É sempre importante ganhar prática com uma linguagem de programação, mas, em nossa opinião, é ainda mais importante no caso do Prolog. Porquê? Porque o Prolog é enganadoramente fácil de perceber. É uma linguagem pequena (não tem muitas construções) e as ideias fundamentais são belas na sua simplicidade. É perigosamente fácil sorrir, relaxar e exclamar "Já percebi!". Fácil, mas errado. As ideias básicas têm interações subtis, e sem *muita* prática rapidamente se perderá. Tivemos já muitos alunos (inteligentes) que pensavam que percebiam Prolog, não se esforçaram na vertente prática — e se depararam mais tarde com dificuldades. O Prolog é subtil. Tem de perder algum tempo se o quiser dominar.

Resumindo, *Learn Prolog Now* é uma introdução aos aspetos essenciais do Prolog, orientada para a prática. Não lhe ensinará tudo, mas se chegar ao fim ficará com uma boa panorâmica dos aspetos básicos, e terá ficado com uma ideia do que é a programação em lógica. Desfrute!

Conteúdo

1	**Factos, regras e objetivos**	**1**
	1.1 Alguns exemplos simples	2
	1.2 Sintaxe do Prolog	11
	1.3 Exercícios	14
	1.4 Sessão prática	16
2	**Unificação e pesquisa de demonstrações**	**21**
	2.1 Unificação	22
	2.2 Pesquisa de demonstrações	33
	2.3 Exercícios	40
	2.4 Sessão prática	42
3	**Recursão**	**47**
	3.1 Definições recursivas	48
	3.2 Ordenação das regras e objetivos, e terminação	60
	3.3 Exercícios	64
	3.4 Sessão prática	66
4	**Listas**	**71**
	4.1 Listas	72
	4.2 Membro	76
	4.3 Recursão em listas	79
	4.4 Exercícios	83
	4.5 Sessão prática	85
5	**Aritmética**	**89**
	5.1 Aritmética em Prolog	90
	5.2 Um olhar mais atento	91
	5.3 Aritmética e listas	94
	5.4 Comparação	97

	5.5	Exercícios	101
	5.6	Sessão prática	102

6 Listas revisitadas — **105**
- 6.1 Append . . . 106
- 6.2 Inversão de uma lista . . . 112
- 6.3 Exercícios . . . 115
- 6.4 Sessão prática . . . 117

7 Gramáticas de cláusulas definidas — **119**
- 7.1 Gramáticas livres de contexto . . . 120
- 7.2 Gramáticas de cláusulas definidas . . . 128
- 7.3 Exercícios . . . 134
- 7.4 Sessão prática . . . 135

8 Mais sobre gramáticas de cláusulas definidas — **139**
- 8.1 Argumentos adicionais . . . 140
- 8.2 Objetivos adicionais . . . 150
- 8.3 Observações finais . . . 154
- 8.4 Exercícios . . . 155
- 8.5 Sessão prática . . . 156

9 Um olhar mais atento sobre os termos — **159**
- 9.1 Comparação de termos . . . 160
- 9.2 Termos com notação especial . . . 162
- 9.3 Análise de termos . . . 166
- 9.4 Operadores . . . 174
- 9.5 Exercícios . . . 177
- 9.6 Sessão prática . . . 179

10 Cortes e negação — **185**
- 10.1 O corte . . . 186
- 10.2 Utilização do corte . . . 192
- 10.3 Negação por falha . . . 195
- 10.4 Exercícios . . . 199
- 10.5 Sessão prática . . . 200

11 Bases de conhecimento e recolha de soluções — **203**
- 11.1 Manipulação de bases de conhecimento . . . 204
- 11.2 Recolha de soluções . . . 209
- 11.3 Exercícios . . . 214
- 11.4 Sessão prática . . . 216

12 Utilização de ficheiros		**217**
12.1 Distribuição de programas por ficheiros		218
12.2 Escrever em ficheiros		223
12.3 Ler ficheiros		224
12.4 Exercícios		226
12.5 Sessão prática		227
A Soluções dos exercícios		**231**
B Bibliografia adicional		**259**
C Ambientes Prolog		**263**
Índice de predicados		**265**

Capítulo 1

Factos, regras e objetivos

> Este capítulo tem dois objetivos principais:
>
> 1. Dar alguns exemplos simples de programas Prolog. Estes exemplos permitem apresentar as três construções básicas do Prolog: factos, regras e objetivos. Permitem também apresentar alguns outros tópicos, tais como o papel da lógica no Prolog e a possibilidade de fazer unificação com a ajuda de variáveis.
>
> 2. Começar o estudo sistemático do Prolog definindo termos, átomos, variáveis e outros conceitos sintáticos.

1.1 Alguns exemplos simples

Existem apenas três conceitos básicos em Prolog: factos, regras e objetivos[1]. Uma coleção de factos e regras é denominada base de conhecimento (ou base de dados) e programar em Prolog não é mais do que escrever bases de conhecimento. Isto significa que os programas Prolog *são* bases de conhecimento, ou seja, coleções de factos e regras que descrevem um certo número de relações consideradas de interesse.

Como *usar* então um programa Prolog? Usando objetivos, ou seja, fazendo perguntas relativas à informação guardada na base de conhecimento.

Isto pode parecer algo estranho. Não é certamente óbvio que tenha a ver com programação. Afinal, programar não é dizer a um computador o que deve fazer? Mas, como veremos, o modo de programar em Prolog faz todo o sentido, pelo menos para certas tarefas; por exemplo, é útil em linguística computacional e em Inteligência Artificial (IA). No entanto, em vez de descrever o Prolog em termos gerais, o melhor é começar a escrever algumas bases de conhecimento simples; esta não é apenas a melhor forma de aprender Prolog, é a única forma de o fazer.

Base de conhecimento 1

A base de conhecimento 1 (BC1) é simplesmente uma coleção de factos. Os factos são usados para fazer afirmações que são *incondicionalmente* verdadeiras acerca de alguma situação relevante. Por exemplo, podemos afirmar que a Mia, a Jody e a Yolanda são mulheres, que a Jody toca guitarra, e que está a decorrer uma festa, usando os cinco factos seguintes:

```
mulher(mia).
mulher(jody).
mulher(yolanda).
tocaGuitarra(jody).
festa.
```

Esta coleção de factos é a base de conhecimento BC1. É o nosso primeiro exemplo de um programa Prolog. Note-se que nos nomes `mia`, `jody` e `yolanda`, nas propriedades `mulher` e `tocaGuitarra`, e na proposição `festa` a primeira letra é uma letra minúscula. Isto é importante e veremos porquê mais adiante.

Como é que podemos usar BC1? Usando objetivos, ou seja, fazendo perguntas relativas à informação contida em BC1. Seguem-se alguns exemplos. Podemos perguntar se a Mia é uma mulher usando o objetivo:

---

[1] NdT: do inglês *goals*. Em português, é também utilizada a tradução "golos". Em inglês, os objetivos são também designados por *queries*.

1.1. ALGUNS EXEMPLOS SIMPLES

```
?- mulher(mia).
```

O Prolog responde

```
yes
```

pela razão óbvia de que este é um dos factos presentes explicitamente em BC1. Note-se que *não* escrevemos o símbolo ?-. Este símbolo (ou algo parecido, dependendo do interpretador de Prolog que se está a utilizar) é o símbolo *prompt* que o interpretador de Prolog mostra enquanto aguarda um objectivo para avaliar. Escrevemos apenas o objectivo em questão (por exemplo, mulher(mia)), seguido de . (um ponto final). O ponto final é importante. Sem ele, o interpretador de Prolog não começará a processar o objectivo.

Podemos de igual modo perguntar se a Jody toca guitarra usando o seguinte objectivo:

```
?- tocaGuitarra(jody).
```

O Prolog responde de novo yes, pois este é um dos factos em BC1. No entanto, suponha-se que perguntamos se a Mia toca guitarra:

```
?- tocaGuitarra(mia).
```

Obtemos a resposta

```
no
```

Porquê? Por um lado, este facto não está em BC1. Por outro lado, BC1 é extremamente simples e não contém mais nenhuma informação (como por exemplo *regras*, das quais falaremos em breve) que possa ajudar o Prolog a tentar inferir (ou seja, deduzir) se a Mia toca guitarra. Logo, o Prolog conclui, acertadamente, que tocaGuitarra(mia) *não* é uma consequência de BC1.

Apresentam-se de seguida dois exemplos importantes. Suponha-se primeiro que se escreve o objectivo

```
?- tocaGuitarra(vincent).
```

O Prolog volta a responder no. Porquê? Porque este objectivo diz respeito a uma pessoa (Vincent) sobre a qual não existe informação, logo o Prolog conclui (acertadamente) que tocaGuitarra(vincent) não pode ser deduzido a partir da informação em BC1.

Suponha-se agora que se escreve o objectivo

```
?- temTatuagem(jody).
```

Mais uma vez o Prolog responde **no**. Porquê? Este objetivo diz respeito a uma propriedade (ter tatuagens) acerca da qual não existe informação, logo o Prolog conclui (acertadamente) que o objetivo não pode ser deduzido a partir da informação em BC1. Na verdade, algumas implementações do Prolog responderão a este objetivo com uma mensagem de erro, avisando que o predicado ou procedimento `temTatuagem` não está definido; a noção de predicado será apresentada adiante.

Como é óbvio, podemos também escrever objetivos acerca de proposições. Por exemplo, se escrevermos o objetivo

```
?- festa.
```

o Prolog responde

```
yes
```

e se escrevermos o objetivo

```
?- concertoRock.
```

o Prolog responde

```
no
```

tal como seria de esperar.

Base de conhecimento 2

Apresentamos agora a segunda base de conhecimento, que designamos por BC2:

```
feliz(yolanda).
ouveMusica(mia).
ouveMusica(yolanda):- feliz(yolanda).
tocaGuitarra(mia):- ouveMusica(mia).
tocaGuitarra(yolanda):- ouveMusica(yolanda).
```

A base de conhecimento tem dois factos, `ouveMusica(mia)` e `feliz(yolanda)`. As últimas três linhas correspondem a regras.

As regras exprimem informação que é *condicionalmente* verdadeira acerca de alguma situação relevante. Por exemplo, a primeira regra afirma que a Yolanda ouve música *se* estiver feliz, e a última regra afirma que a Yolanda toca guitarra *se* ouvir música. Em geral, o símbolo `:-` deve ser lido como "se" ou "é implicado por". Do lado esquerdo de `:-` está a cabeça da regra e do lado direito está o corpo da regra. Assim, em geral, as regras afirmam: *se* o corpo da regra é verdadeiro, *então* a cabeça da regra é também verdadeira. A ideia fundamental é a seguinte:

1.1. ALGUNS EXEMPLOS SIMPLES

Se uma base de conhecimento contém uma regra `cabeça :- corpo`, *e o Prolog sabe que* `corpo` *é consequência da informação presente na base de conhecimento, então pode inferir* `cabeça`.

Esta dedução é denominada modus ponens.

Consideremos o seguinte exemplo. Suponha-se que perguntamos se a Mia toca guitarra:

```
?- tocaGuitarra(mia).
```

O Prolog responde yes. Porquê? Apesar de não encontrar explicitamente o facto `tocaGuitarra(mia)` na base de conhecimento BC2, encontra a regra

```
tocaGuitarra(mia):- ouveMusica(mia).
```

Para além disso, BC2 também inclui o facto `ouveMusica(mia)`. Logo, o Prolog pode usar o modus ponens para deduzir `tocaGuitarra(mia)`.

O próximo exemplo mostra que o Prolog consegue encadear várias utilizações do modus ponens. Suponha-se que perguntamos:

```
?- tocaGuitarra(yolanda).
```

O Prolog volta a responder yes. Porquê? Em primeiro lugar, usando o facto `feliz(yolanda)` e a regra

```
ouveMusica(yolanda):- feliz(yolanda).
```

o Prolog consegue deduzir o novo facto `ouveMusica(yolanda)`. Este novo facto não se encontra explicitamente na base de conhecimento — está apenas presente *implicitamente* (é conhecimento *inferido*). Apesar disso, o Prolog consegue utilizá-lo tal como se fosse um facto presente explicitamente. Em particular, a partir deste facto inferido e da regra

```
tocaGuitarra(yolanda):- ouveMusica(yolanda).
```

consegue deduzir `tocaGuitarra(yolanda)`, que foi o que se perguntou.

Em resumo: cada facto resultante de uma aplicação do modus ponens pode ser usado por outras regras. Encadeando desta forma várias aplicações do modus ponens, o Prolog consegue obter informação que é consequência das regras e dos factos presentes na base de conhecimento.

Os factos e as regras presentes numa base de conhecimento denominam-se cláusulas. Assim, BC2 tem cinco cláusulas, das quais três são regras e duas são factos. Uma outra forma de olhar para BC2 é dizer que é constituída por três predicados (ou procedimentos). Os três predicados são:

```
ouveMusica
feliz
tocaGuitarra
```

O predicado `feliz` é definido usando apenas uma cláusula (um facto). Cada um dos predicados `ouveMusica` e `tocaGuitarra` é definido usando duas cláusulas (duas regras num dos casos, e uma regra e um facto no outro). É conveniente pensar em programas Prolog do ponto de vista dos predicados que estes contêm. No fundo, os predicados são os conceitos que se consideram importantes, e as diversas cláusulas que escrevemos acerca deles correspondem a uma tentativa de identificar o seu significado e o modo como estão relacionados.

Para terminar, note-se que podemos ver um facto como uma regra com corpo vazio, que podemos designar por *regra degenerada*.

Base de conhecimento 3

Consideremos agora a base de conhecimento BC3, que é constituída por cinco cláusulas:

```
feliz(vincent).
ouveMusica(butch).
tocaGuitarra(vincent):-
    ouveMusica(vincent),
    feliz(vincent).
tocaGuitarra(butch):-
    feliz(butch).
tocaGuitarra(butch):-
    ouveMusica(butch).
```

A base de conhecimento tem os factos `feliz(vincent)` e `ouveMusica(butch)`, e tem três regras.

Esta base de conhecimento define os mesmos três predicados que BC2 (`feliz`, `ouveMusica` e `tocaGuitarra`), mas define-os de modo diferente. Em particular, as três regras que definem o predicado `tocaGuitarra` trazem algo de novo. Em primeiro lugar, note-se que o corpo da regra

```
tocaGuitarra(vincent):-
    ouveMusica(vincent),
    feliz(vincent).
```

tem *dois* elementos ou (se usarmos a terminologia usual neste contexto) dois subobjetivos. O que significa então esta regra? O pormenor mais importante é a vírgula que separa o subobjetivo `ouveMusica(vincent)` do subobjetivo `feliz(vincent)` no corpo da regra. É deste modo que a conjunção é expressa em Prolog (isto é, a vírgula significa *e*). Esta regra afirma então o seguinte: "O Vincent toca guitarra se ouve música *e* está feliz".

Assim, dado o objetivo

1.1. ALGUNS EXEMPLOS SIMPLES

```
?- tocaGuitarra(vincent).
```

o Prolog responde **no**. Com efeito, embora BC3 contenha `feliz(vincent)`, *não* contém explicitamente a informação `ouveMusica(vincent)` nem este facto pode ser deduzido de BC3. Consequentemente, a base de conhecimento BC3 apenas satisfaz uma das duas pré-condições que são necessárias para estabelecer `tocaGuitarra(vincent)`, e portanto o objetivo falha.

Note-se que a indentação utilizada na escrita desta regra é irrelevante. Poder-se-ia ter escrito, por exemplo,

```
tocaGuitarra(vincent):- feliz(vincent),
                       ouveMusica(vincent).
```

que teria exatamente o mesmo significado. O Prolog dá-nos bastante liberdade no que respeita ao modo como escrevemos as bases de conhecimento, e podemos tirar partido disto para manter o código legível.

Note-se ainda que BC3 contém duas regras que têm *exatamente* a mesma cabeça:

```
tocaGuitarra(butch):-
   feliz(butch).
tocaGuitarra(butch):-
   ouveMusica(butch).
```

Esta é uma forma de afirmar que o Butch toca guitarra *se* ouve música, *ou* se está feliz. A existência de várias regras com a mesma cabeça é uma forma de representar a disjunção lógica (ou seja, é uma forma de dizer *ou*). Assim, se perguntarmos

```
?- tocaGuitarra(butch).
```

o Prolog responde **yes**, pois, embora a primeira regra não seja útil (BC3 não permite que o Prolog conclua `feliz(butch)`), BC3 *contém* `ouveMusica(butch)`, e isto significa que, usando a regra

```
tocaGuitarra(butch):-
   ouveMusica(butch).
```

o Prolog pode aplicar o modus ponens e concluir `tocaGuitarra(butch)`.

Existe uma outra forma de representar a disjunção em Prolog. Podemos substituir as duas regras acima pela regra

```
tocaGuitarra(butch):-
   feliz(butch);
   ouveMusica(butch).
```

o que significa que o ponto e vírgula ; é o símbolo usado em Prolog para *ou*. Esta regra tem o mesmo significado que as duas regras anteriores. Será melhor usar várias regras ou o ponto e vírgula? Depende. Por um lado, o uso excessivo de ponto e vírgula pode tornar o código difícil de perceber. Por outro lado, o ponto e vírgula é mais eficiente pois neste caso o Prolog tem apenas de considerar uma regra.

Deve ser claro neste momento que o Prolog está relacionado com lógica: com efeito, :- significa implicação, , significa conjunção, e ; significa disjunção. (E a negação? Isso é toda uma outra história que iremos discutir no Capítulo 10.) Para além disso, a bem conhecida regra de inferência modus ponens desempenha um papel importante na programação em Prolog. Começa-se a perceber assim a razão pela qual "Prolog" é uma abreviatura de *"Programming with logic"*[2].

Base de conhecimento 4

Consideremos agora a base de conhecimento BC4:

```
mulher(mia).
mulher(jody).
mulher(yolanda).

gosta(vincent,mia).
gosta(marsellus,mia).
gosta(pumpkin,honey_bunny).
gosta(honey_bunny,pumpkin).
```

Esta base de conhecimento não é muito interessante. Não existem regras, havendo apenas uma coleção de factos. Aparece pela primeira vez uma relação que tem dois nomes como argumentos (a relação `gosta`), o que faz sentido.

A novidade neste caso não tem tanto a ver com a base de conhecimento, mas com o que iremos perguntar. Em particular, *vamos usar variáveis pela primeira vez*. Eis um exemplo:

```
?- mulher(X).
```

O símbolo X é uma variável (na verdade, em Prolog, qualquer sequência de caracteres que comece com uma letra maiúscula é uma variável, razão pela qual tivemos o cuidado de usar letras minúsculas nos exemplos anteriores). Uma variável não é um nome, mas sim um *espaço reservado*[3] para guardar

---

[2]NdT: optou-se por manter a expressão original cuja tradução é "Programação em lógica".
[3]NdT: do inglês *placeholder*.

1.1. ALGUNS EXEMPLOS SIMPLES

informação. Isto significa que estamos a perguntar ao Prolog o seguinte: de entre os indivíduos que conhece qual deles é mulher?

O Prolog responde a esta pergunta percorrendo BC4, de cima para baixo, tentando unificar (ou fazer corresponder) a expressão `mulher(X)` com a informação contida em BC4. O primeiro item em BC4 é `mulher(mia)`. Assim, o Prolog unifica X com `mia`, fazendo com que o objetivo corresponda exatamente a este primeiro item. (Existem diversas terminologias para este processo: pode também dizer-se que o Prolog instancia X com `mia`, ou que liga X a `mia`.) O Prolog responde o seguinte:

```
X = mia
```

Isto significa que não só nos diz que existe informação acerca de pelo menos uma mulher, como nos diz quem ela é. Não responde apenas `yes`, dá-nos a instanciação de variáveis que conduziu ao sucesso.

Mas a história não termina aqui. A razão de ser das variáveis é que elas podem representar diferentes entidades (ou unificar com diferentes entidades). Mas na base de conhecimento existe informação acerca de outras mulheres. Podemos ter acesso a esta informação escrevendo ; como a seguir se ilustra:

```
X = mia ;
```

Recorde-se que ; significa *ou*, pelo que isto significa *existem outras alternativas*? O Prolog percorre de novo a base de conhecimento (recorda-se onde ficou da última vez e continua a partir daí) e conclui que se unificar X com `jody`, então o objetivo corresponde exatamente à segunda entrada da base de conhecimento, respondendo

```
X = mia ;
X = jody
```

Diz-nos que na base de conhecimento BC4 existe informação acerca de uma segunda mulher e dá-nos (de novo) o valor que conduziu ao sucesso. Naturalmente, se voltarmos a escrever ; o Prolog responde

```
X = mia ;
X = jody ;
X = yolanda
```

O que acontece se escrevermos ; uma *terceira* vez? Neste caso, o Prolog responde `no`. Não há mais unificações possíveis. Não existem mais factos que comecem com `mulher`. Os quatro últimos itens da base de conhecimento dizem respeito à relação `gosta`, e não é possível unificá-los com um objetivo da forma `mulher(X)`.

Consideremos agora um objetivo mais complicado:

```
?- gosta(marsellus,X), mulher(X).
```

Recorde-se que , representa *e*, pelo que este objetivo significa: *existe algum indivíduo* X *tal que Marsellus gosta de* X *e* X *é uma mulher*? Olhando para a base de conhecimento, concluimos que existe: a Mia é uma mulher (facto 1) e o Marsellus gosta da Mia (facto 5). O Prolog também consegue estabelecer que isto se passa. O Prolog consegue pesquisar a base de conhecimento e concluir que se unificar X com Mia, então ambos os subobjetivos se verificam (no próximo capítulo vamos aprender como o Prolog o consegue fazer). Neste caso o Prolog responde

```
X = mia
```

O processo de unificação de variáveis com informação na base de conhecimento é a essência do Prolog. Como veremos, existem muitas ideias interessantes no Prolog — mas quando se vai ao cerne da questão, o que é crucial é a capacidade que o Prolog tem de fazer unificações, e devolver os valores que resultam dessas unificações.

Base de conhecimento 5

No exemplo anterior usámos variáveis, mas apenas nos objetivos. No entanto, as variáveis não só *podem* ser usadas nas bases de conhecimento, como é apenas quando o começamos a fazer que começamos a escrever programas verdadeiramente interessantes. Segue-se um exemplo simples, a base de conhecimento BC5:

```
gosta(vincent,mia).
gosta(marsellus,mia).
gosta(pumpkin,honey_bunny).
gosta(honey_bunny,pumpkin).

temCiumes(X,Y):- gosta(X,Z), gosta(Y,Z).
```

A base de conhecimento BC5 contém quatro factos acerca da relação gosta e uma regra. (A linha em branco entre os factos e a regra não tem significado: destina-se apenas a que o programa fique mais legível. Como referido anteriormente, o Prolog dá-nos uma grande liberdade na forma de escrever as bases de conhecimento.) A regra em BC5 é a regra mais interessante apresentada até ao momento: contém três variáveis (observe-se que X, Y e Z são letras maiúsculas). O que afirma esta regra?

A regra está a definir um conceito de ciúme. Afirma que um indivíduo X tem ciúmes de um indivíduo Y se existe um indivíduo Z do qual X gosta, e Y também gosta do mesmo indivíduo Z. (Na verdade, o conceito de ciúme não é assim tão simples no mundo real.) O que importa aqui realçar é que esta é uma afirmação *genérica*: não está formulada à custa de `mia`, ou de `pumpkin`, ou de qualquer outro indivíduo — é uma afirmação condicional acerca de *qualquer indivíduo* do nosso pequeno mundo.

Suponha-se que escrevemos o objetivo

```
?- temCiumes(marsellus,W).
```

Este objetivo significa o seguinte: consegue-se encontrar um indivíduo W tal que Marsellus tem ciúmes de W? O Vincent é um desses indivíduos. Olhando para a definição de ter ciúmes, concluímos que o Marsellus tem de ter ciúmes do Vincent, uma vez que ambos gostam da mesma mulher, a Mia. Assim, o Prolog responde

```
W = vincent
```

Deixamos agora algumas perguntas ao *leitor*. Existem mais indivíduos ciumentos em BC5? Suponha-se que pretendíamos que o Prolog nos indicasse todos os indivíduos ciumentos: que objetivo se escreveria? Algumas das respostas o surpreende? Alguma destas parecem despropositadas?

1.2 Sintaxe do Prolog

Agora que já temos uma ideia do que o Prolog é capaz de fazer, há que voltar ao início e descrever os detalhes mais cuidadosamente. Comecemos por uma questão simples: vimos diversos tipos de expressões (por exemplo, `jody`, `tocaGuitarra(mia)` e `X`) nos programas Prolog apresentados, mas estas eram apenas exemplos. Chegou o momento de sermos rigorosos: como se constroem exatamente os factos, as regras e os objetivos?

A resposta é: a partir de termos. Em Prolog existem quatro tipos de termos: átomos, números, variáveis e termos compostos (ou estruturas). Os átomos e os números podem ser designados genericamente por constantes, e as constantes e as variáveis são os termos simples do Prolog.

Vejamos o que isto significa mais detalhadamente. Em primeiro lugar, comecemos por fixar qual é o conjunto de caracteres (isto é, símbolos) que temos à nossa disposição. As *letras maiúsculas* são A, B,...,Z; as *letras minúsculas* são a, b,...,z; os *dígitos* são 0, 1, 2,...,9. Dispomos ainda do símbolo _, denominado *underscore*[4], e de alguns *caracteres especiais*, que incluem, entre outros, +, -, *, /, <, >, =, :, ., &, ~. O *espaço em branco* é também um carácter, embora seja invisível. Uma cadeia de caracteres é uma sequência de caracteres sem espaços em branco.

---

[4] NdT: Optou-se por manter a designação original.

Átomos

Um átomo é:

1. Uma cadeia de caracteres que começa com uma letra minúscula e é constituída por letras maiúsculas, letras minúsculas, dígitos e o carácter *underscore*. Seguem-se alguns exemplos: `butch`, `hamburguer_big_kahuna`, `ouveMusica` e `tocaGuitarra`.

2. Uma sequência arbitrária de caracteres entre plicas. Exemplos de átomos deste tipo são 'Vincent', 'Batido_de_Leite', '&^%&#@$ &*' e ' '. A sequência de caracteres entre plicas é o nome do átomo. Observe-se que nestes átomos se podem usar espaços em branco; na verdade, um motivo frequente para a utilização de plicas é querer escrever espaços em branco.

3. Uma cadeia de caracteres constituída por caracteres especiais. Por exemplo, `@=`, `====>`, `;` e `:-` são átomos. Como vimos, alguns destes átomos, tais como `;` e `:-`, têm um significado pré-definido.

Números

Os números reais não são particularmente importantes nas aplicações Prolog mais comuns. Assim, embora a maior parte das implementações suportem números em vírgula flutuante (ou seja, representações de números reais tais como 1657.3087 ou π) não daremos ênfase ao assunto neste livro.

Por sua vez, os números inteiros (isto é, ..., -2, -1, 0, 1, 2, 3,...) são úteis para tarefas como por exemplo a contagem dos elementos de uma lista. No Capítulo 5 veremos como se manipulam números inteiros em Prolog. A sintaxe é a esperada: 23, 1001, 0, -365, e assim por diante.

Variáveis

Uma variável é uma cadeia de caracteres constituída por letras maiúsculas, letras minúsculas, dígitos e o carácter *underscore*, começada por uma letra maiúscula *ou* pelo carácter *underscore*. As cadeias de caracteres `X`, `Y`, `Variavel`, `_etiqueta`, `X_526`, `Lista`, `Lista24`, `_cabeca`, `Cauda`, `_input` e `Output` são exemplos de variáveis Prolog.

A variável `_` constituída apenas por um carácter *underscore* é especial. É designada por *variável anónima* e será discutida no Capítulo 4.

Termos compostos

As constantes, os números e as variáveis são as componentes básicas: agora é necessário saber como os combinar para obter termos compostos. Recorde-se

1.2. SINTAXE DO PROLOG

que os termos compostos são frequentemente designados por estruturas.

Os termos compostos são constituídos por um símbolo de função (designado por *functor* em Prolog) seguido de uma sequência de argumentos. Os argumentos são colocados entre parênteses e separados por vírgulas. Note-se que o parêntese esquerdo tem de ser escrito imediatamente a seguir ao símbolo de função; não podem existir espaços em branco entre o símbolo de função e os parênteses.

Um functor *tem* de ser um átomo, ou seja, as variáveis *não* podem ser usadas como functores. Por outro lado, os argumentos podem ser quaisquer termos.

Nas bases de conhecimento apresentadas anteriormente podemos encontrar diversos exemplos de termos complexos. Em particular, `tocaGuitarra(jody)` é um termo complexo: o seu functor é `tocaGuitarra` e o argumento é `jody`. Outros exemplos são `gosta(vincent,mia)` e `temCiumes(marsellus,W)`.

A definição de termo permite escrever termos mais complexos que estes. Com efeito, permite construir termos complexos a partir de outros termos complexos. Por exemplo,

   `esconde(X,pai(pai(pai(butch))))`

é um termo complexo que está de acordo com a definição apresentada. O seu functor é `esconde` e tem dois argumentos: a variável `X` e o termo complexo `pai(pai(pai(butch)))`. Este termo complexo tem `pai` como functor, e um outro termo complexo, `pai(pai(butch))`, como único argumento. O argumento deste termo complexo é de novo um termo complexo, o termo `pai(butch)`. A estrutura recursiva termina aqui, pois o argumento deste termo é a constante `butch`.

Como veremos, estes termos complexos (com estrutura recursiva) vão permitir representar muitos problemas de uma forma natural. Com efeito, a interação entre a estrutura recursiva dos termos complexos e a unificação de variáveis está na origem de grande parte das potencialidades do Prolog.

O número de argumentos que um termo complexo tem é a sua aridade. Por exemplo, `mulher(mia)` é um termo complexo de aridade 1. Por sua vez, `gosta(vincent,mia)` é um termo complexo de aridade 2.

A noção de aridade é importante em Prolog. O Prolog permite que se definam dois predicados com o mesmo functor mas com diferente número de argumentos. Por exemplo, pode escrever-se uma base de conhecimento que define um predicado `gosta` de aridade 2 (a base de conhecimento pode incluir factos como `gosta(vincent,mia)`), e que define também também um predicado `gosta` de aridade 3 (podendo a base de conhecimento incluir factos como `gosta(vincent,marsellus,mia)`). No entanto, ao fazer isto, o Prolog considera o predicado `gosta` de aridade 2 e o predicado `gosta` de aridade 3 como predicados diferentes. Mais adiante (ao apresentar os acumuladores no

Capítulo 5, por exemplo) veremos que pode ser útil definir dois predicados com o mesmo functor mas diferentes aridades.

Quando é necessário fazer referência a predicados e o modo como os queremos utilizar (na documentação, por exemplo) é frequente usar um sufixo / seguido por um número para indicar a aridade do predicado. Recordando BC2, em vez de afirmar que BC2 define os predicados

```
ouveMusica
feliz
tocaGuitarra
```

deveríamos dizer que BC2 define os predicados

```
ouveMusica/1
feliz/1
tocaGuitarra/1
```

O Prolog não se confunde numa base de conhecimento contendo os dois predicados **gosta**, pois considera o predicado **gosta/2** diferente do predicado **gosta/3**.

1.3 Exercícios

Exercício 1.1 Quais das seguintes sequências de caracteres são átomos, quais são variáveis e quais não são nem uma coisa nem outra?

1. vINCENT

2. Massagem

3. variavel23

4. Variavel2000

5. hamburguer_big_kahuna

6. 'hamburguer big kahuna'

7. hamburguer big kahuna

8. 'Jules'

9. _Jules

10. '_Jules'

1.3. EXERCÍCIOS

Exercício 1.2 Quais das seguintes sequências de caracteres são átomos, quais são variáveis, quais são termos complexos e quais não são termos? Indique o functor de cada termo complexo e respetiva aridade.

1. gosta(Vincent,mia)
2. 'gosta(Vincent,mia)'
3. Butch(pugilista)
4. pugilista(Butch)
5. e(grande(hamburguer),kahuna(hamburguer))
6. e(grande(X),kahuna(X))
7. _e(grande(X),kahuna(X))
8. (Butch mata Vincent)
9. mata(Butch Vincent)
10. mata(Butch,Vincent

Exercício 1.3 Quantos factos, regras, cláusulas e predicados existem na seguinte base de conhecimento? Quais são as cabeças das regras e que objetivos contêm?

```
mulher(vincent).
mulher(mia).
homem(jules).
pessoa(X):- homem(X); mulher(X).
gosta(X,Y):- pai(X,Y).
pai(Y,Z):- homem(Y), filho(Z,Y).
pai(Y,Z):- homem(Y), filha(Z,Y).
```

Exercício 1.4 Represente em Prolog o seguinte:

1. O Butch é um assassino.
2. A Mia e o Marsellus são casados.
3. O Zed está morto.
4. O Marsellus mata qualquer pessoa que faça uma massagem à Mia.
5. A Mia gosta de qualquer pessoa que dance bem.

6. O Jules come tudo o que seja nutritivo ou saboroso.

Exercício 1.5 Suponha-se que dispomos da seguinte base de conhecimento:

```
feiticeiro(ron).
temVarinha(harry).
jogadorQuidditch(harry).
feiticeiro(X):- temVassoura(X), temVarinha(X).
temVassoura(X):- jogadorQuidditch(X).
```

Qual é a resposta que o Prolog dá aos seguintes objetivos?

1. `feiticeiro(ron).`
2. `feiticeira(ron).`
3. `feiticeiro(hermione).`
4. `feiticeira(hermione).`
5. `feiticeiro(harry).`
6. `feiticeiro(Y).`
7. `feiticeira(Y).`

1.4 Sessão prática

O leitor não se deve deixar enganar pelo facto de a descrição das sessões práticas ser mais curta que o texto que acabou de ler; a parte prática é decididamente a mais importante. Com efeito, há que ler o texto e fazer os exercícios, mas isso não chega para vir a ser um programador de Prolog. Para dominar completamente a linguagem, é necessário sentar-se em frente de um computador e experimentar o Prolog — muito!

O objetivo da primeira sessão prática é familiarizar o leitor com as noções básicas de como criar e executar programas simples em Prolog. Dado que existem muitas implementações diferentes do Prolog, e estas podem ser executadas em diferentes sistemas operativos, não podemos ser demasiado específicos. O que faremos é descrever em termos muitos gerais o que está envolvido na utilização do Prolog, enumerar as competências práticas que o leitor tem de dominar, e sugerir algumas tarefas.

A forma mais simples de executar um programa Prolog é como se segue. Deve existir um ficheiro com o programa Prolog (por exemplo, um ficheiro `bc2.pl` contendo a base de conhecimento BC2). Quando se inicia o Prolog, este apresenta o *prompt*, algo semelhante a

1.4. SESSÃO PRÁTICA

```
?-
```

que indica que o sistema está pronto a receber um objetivo.

Neste momento o Prolog ainda não sabe nada acerca de BC2 (ou de qualquer outra coisa). Para o confirmar escreva o comando `listing`, seguido de um ponto final, e carregue em *return*, ou seja, escreva

```
?- listing.
```

e carregue em *return*.

O comando listing é um predicado especial pré-definido que indica ao Prolog que deve apresentar o conteúdo da base de conhecimento atual. Como não indicámos ainda nenhuma base de conhecimento, a resposta é

```
yes
```

Esta resposta está correta: neste momento o Prolog ainda não sabe nada e, como não tem nada para apresentar, responde `yes`. No entanto, quando se usam algumas implementações mais sofisticadas, pode obter-se um pouco mais de informação (por exemplo, os nomes das bibliotecas que foram carregadas; as bibliotecas são apresentadas no Capítulo 12), mas de qualquer modo o que se obtém é essencialmente uma resposta que corresponde a "Não sei nada acerca de nenhuma base de conhecimento!".

Vamos então fazer com que o Prolog passe a conhecer BC2. Assumindo que se guardou BC2 no ficheiro `bc2.pl`, e que este ficheiro está na diretoria em que se está a executar o Prolog, tudo o que há a fazer é escrever

```
?- [bc2].
```

Isto indica ao Prolog que deve consultar o ficheiro `bc2.pl`, e carregar o seu conteúdo como a sua nova base de conhecimento. Assumindo que `bc2.pl` não contém erros, o Prolog lê o ficheiro, podendo apresentar uma mensagem indicando que o está a ler, e em seguida responde

```
yes
```

É usual guardar programas Prolog em ficheiros com extensão `.pl`. É uma indicação acerca do conteúdo do ficheiro. Em algumas implementações do Prolog não é necessário escrever a extensão `.pl` quando se consulta o ficheiro. No entanto, existe uma desvantagem. Os ficheiros que contêm *scripts* Perl têm normalmente também extensão `.pl`, e atualmente é frequente existirem muitos *scripts* Perl, o que pode causar confusão. *C'est la vie*.

Se houver problemas, isto é, se quando se escreve

```
?- [bc2].
```

for apresentada uma mensagem indicando que o ficheiro bc2 não existe, então é porque provavelmente o Prolog não foi iniciado a partir da diretoria onde se encontra o ficheiro bc2.pl. Neste caso, pode terminar-se a sessão (escrevendo halt. a seguir ao *prompt*), mudar para a diretoria onde se encontra o ficheiro bc2.pl, e voltar a iniciar o Prolog. Em alternativa, pode indicar-se ao Prolog onde encontrar o ficheiro bc2.pl. Para o efeito, em vez de escrever apenas bc2.pl entre os parênteses retos, escreve-se o caminho completo até ao ficheiro entre plicas. Por exemplo, pode escrever-se algo semelhante a

```
?- ['home/kris/Prolog/bc2.pl'].
```

ou

```
?- ['c:/Documents and Settings/Kris/Prolog/bc2.pl'].
```

Neste momento, o Prolog já deve conhecer todos os predicados em BC2, o que pode ser confirmado usando novamente o comando listing:

```
?- listing.
```

Ao fazer isto, o Prolog apresenta no ecrã algo semelhante a:

```
ouveMusica(mia).
feliz(yolanda).
tocaGuitarra(mia):-
    ouveMusica(mia).
tocaGuitarra(yolanda):-
    ouveMusica(yolanda).
ouveMusica(yolanda):-
    feliz(yolanda).

yes
```

O Prolog lista todos os factos e regras que constituem BC2, e responde **yes**. Uma vez mais, pode obter-se informação adicional, como por exemplo a localização das várias bibliotecas que foram carregadas.

O comando listing pode ser usado de outras forma. Por exemplo, ao escrever

```
?- listing(tocaGuitarra).
```

obtém-se toda a informação na base de conhecimento acerca do predicado tocaGuitarra. Assim, neste caso, obtém-se

```
tocaGuitarra(mia):-
    ouveMusica(mia).
```

1.4. SESSÃO PRÁTICA

```
tocaGuitarra(yolanda):-
   ouveMusica(yolanda).

yes
```

A partir de agora a base de conhecimento BC2 está carregada e o Prolog está pronto a ser usado. O leitor pode (e deve!) começar a experimentar objetivos semelhantes aos discutidos no texto.

Podemos neste momento resumir algumas das competências que o leitor tem de dominar para chegar a este ponto:

- O leitor precisa de ter alguns conhecimentos elementares acerca do sistema operativo que está a utilizar, nomeadamente acerca da estrutura de diretorias. É necessário saber, por exemplo, como gravar numa particular diretoria um ficheiro contendo um programa.

- O leitor precisa de saber usar algum tipo de editor de texto, de modo a conseguir escrever e editar programas. Algumas implementações do Prolog já incluem o seu próprio editor, mas se o leitor já está familiarizado com um particular editor (como por exemplo o Emacs), pode usá-lo para escrever o seu código Prolog. Mas é necessário garantir que os ficheiros são gravados como ficheiros de texto (por exemplo, nunca gravar um ficheiro como um documento Word).

- O leitor pode querer usar programas Prolog disponíveis na internet. Para tal necessita de saber usar um programa de navegação na internet para encontrar o que quer, e gravar o código onde desejar.

- O leitor precisa de saber iniciar a versão do Prolog de que dispõe, bem como consultar ficheiros.

Quanto mais depressa adquirir estas competências, melhor. Uma vez adquiridas, pode começar a concentrar-se na programação em Prolog.

Assumindo que estas competências já foram adquiridas, o que se segue? Muito simplesmente, *experimentar o Prolog*! Consulte as diferentes bases de conhecimento apresentadas no texto, e verifique que os objetivos apresentados funcionam de facto como referido. Considere, em particular, a base de conhecimento BC5 e tente compreender porque razão se obtém os resultados peculiares referidos para a relação `temCiumes`. Tente escrever novos objetivos. Faça experiências com o predicado `listing` (é uma ferramenta útil). Escreva a base de conhecimento usada no Exercício 1.5, e verifique se as suas respostas estão corretas. Por fim, pense numa situação simples do seu interesse, e construa uma nova base de conhecimento.

Capítulo 2

Unificação e pesquisa de demonstrações

Este capítulo tem dois objetivos principais:

1. Introduzir a noção de unificação em Prolog e explicar como a unificação do Prolog difere da unificação usual. Apresenta-se também =/2, o predicado pré-definido para a unificação do Prolog, bem unify_with_occurs_check/2, o predicado pré-definido para a unificação usual.

2. Explicar a estratégia de pesquisa que o Prolog usa quando tenta deduzir nova informação a partir de informação já existente usando o modus ponens.

2.1 Unificação

A ideia de unificação já foi anteriormente referida a propósito da base de conhecimento BC4. Referimos, por exemplo, que o Prolog unifica `mulher(X)` com `mulher(mia)`, instanciando assim a variável `X` com `mia`. Chegou o momento de analisar com detalhe o conceito de unificação, pois este é um dos conceitos fundamentais em Prolog.

Recorde-se que existem três tipos de termos:

1. Constantes. As constantes podem ser átomos (como por exemplo `vincent`) ou números (como por exemplo 24).

2. Variáveis. (Como por exemplo `X`, `Z3` e `Lista`.)

3. Termos complexos. Estes termos são da forma:
   `functor(termo_1,...,termo_n)`.

Pretende-se caracterizar em que situações dois termos são unificáveis pelo Prolog. Partimos da seguinte definição, que embora dando a intuição necessária, não tem todos os detalhes relevantes:

> Dois termos são unificáveis se são o mesmo termo ou se contêm variáveis que possam ser uniformemente instanciadas com termos de modo a que os termos resultantes sejam iguais.

Isto significa, por exemplo, que os termos `mia` e `mia` são unificáveis, pois são o mesmo átomo. Analogamente, os termos 42 e 42 são unificáveis, pois são o mesmo número, os termos `X` e `X` são unificáveis, pois são a mesma variável, e os termos `mulher(mia)` e `mulher(mia)` são unificáveis, pois são o mesmo termo complexo. No entanto, os termos `mulher(mia)` e `mulher(vincent)` não são unificáveis, uma vez que não são o mesmo (e nenhum deles contém uma variável que possa ser instanciada de modo a que passem a ser o mesmo termo).

E o que dizer dos termos `mia` e `X`? Não são o mesmo termo. No entanto, a variável `X` pode ser instanciada com `mia` que faz com que passem a ser iguais. Assim, usando a definição acima, `mia` e `X` são unificáveis. Analogamente, os termos `mulher(X)` e `mulher(mia)` são unificáveis, pois podem converter-se no mesmo termo instanciando `X` com `mia`. Serão os termos `gosta(vincent,X)` e `gosta(X,mia)` unificáveis? Não. Não é possível encontrar uma instanciação de `X` que converta estes termos em termos iguais. Será que o leitor consegue perceber porquê? Se se instanciar `X` com `vincent` então obtêm-se os termos `gosta(vincent,vincent)` e `gosta(vincent,mia)`, que obviamente não são iguais. Do mesmo modo, se se instanciar `X` com `mia`, obtêm-se os termos `gosta(vincent,mia)` e `gosta(mia,mia)`, que também não são iguais.

Em geral, não é apenas relevante saber se dois termos são unificáveis, mas é importante também saber como é que as variáveis têm de ser instanciadas para

2.1. UNIFICAÇÃO

os tornar iguais. O Prolog dá-nos essa informação. Ao unificar dois termos, o Prolog realiza todas as instanciações necessárias de modo a que os termos fiquem iguais. Esta funcionalidade, juntamente com o facto de se poderem escrever termos complexos (isto é, termos com estrutura recursiva), faz com que a unificação seja um poderoso mecanismo de programação.

A definição acima pode agora ser reformulada de modo mais preciso. A nova definição diz-nos não só quais os termos que o Prolog vai unificar, mas também o que vai fazer às variáveis para concretizar essa unificação.

1. *Se* `termo1` *e* `termo2` *são constantes, então* `termo1` *e* `termo2` *são unificáveis se e só se são o mesmo átomo ou o mesmo número.*

2. *Se* `termo1` *é uma variável e* `termo2` *é um qualquer termo, então* `termo1` *e* `termo2` *são unificáveis, e* `termo1` *é instanciado com* `termo2`*. Analogamente, se* `termo2` *é uma variável e* `termo1` *é um qualquer termo, então* `termo1` *e* `termo2` *são unificáveis, e* `termo2` *é instanciado com* `termo1`*. (Assim, se são ambos variáveis, são instanciadas uma com a outra, e diz-se que partilham valores.)*

3. *Se* `termo1` *e* `termo2` *são termos complexos, então são unificáveis se e só se:*

    (a) *têm o mesmo functor e aridade, e*

    (b) *os argumentos correspondentes são unificáveis, e*

    (c) *as instanciações das variáveis são compatíveis. (Por exemplo, não é possível instanciar a variável* `X` *com* `mia` *ao unificar um par de argumentos, e depois instanciar* `X` *com* `vincent` *ao unificar outro par de argumentos.)*

4. *Dois termos são unificáveis se e só se são unificáveis de acordo com alguma das três condições anteriores.*

Analisemos esta definição. A primeira condição diz-nos quando é que duas constantes são unificáveis. A segunda condição diz-nos quando é que dois termos, em que um deles é uma variável, são unificáveis (estes termos são sempre unificáveis; as variáveis são unificáveis com *tudo*). Diz-nos também quais as instanciações que se têm de fazer para que os dois termos se tornem iguais. Finalmente, a terceira condição diz-nos quando é que dois termos complexos são unificáveis. Observe-se a estrutura desta definição. As três primeiras condições refletem exatamente a estrutura (recursiva) dos termos.

A quarta condição é também importante: diz-nos que as três primeiras condições são tudo o que precisamos de saber acerca da unificação de dois termos. Se usando as condições 1–3 não se conseguir concluir que dois termos são unificáveis, então eles *não* são unificáveis. Por exemplo, `batman` não é unificável com `filha(ink)`. Porquê? Porque o primeiro termo é uma constante e segundo é um termo complexo. Mas nenhuma das três primeiras condições nos diz como unificar tais termos, logo (pela condição 4), estes termos não são unificáveis.

Exemplos

Apresentamos de seguida alguns exemplos para ajudar o leitor a melhor compreender a definição anterior. Usa-se nestes exemplos o predicado pré-definido =/2 (recorde-se que escrever /2 no fim indica que este predicado tem dois argumentos).

O predicado =/2 testa se os seus dois argumentos são unificáveis. Por exemplo, escrevendo

```
?- =(mia,mia).
```

o Prolog responde `yes`, e se escrevermos

```
?- =(mia,vincent).
```

o Prolog responde `no`.

Mas não é usual escrever estes objetivos desta forma, dado que a notação =(mia,mia) é pouco natural. Seria melhor poder usar notação infixa (isto é, se pudéssemos escrever o functor =/2 entre os seus argumentos) e escrever:

```
?- mia = mia.
```

Na verdade, o Prolog permite escrever isto e portanto nos exemplos que se seguem usaremos notação infixa.

Recordemos o primeiro exemplo:

```
?- mia = mia.
yes
```

Porque é que o Prolog responde `yes`? Esta pergunta pode parecer estranha: é evidente que os termos são unificáveis! Isto é verdade, mas porque é que isto é uma consequência da definição anterior? É importante aprender a pensar na instanciação de forma sistemática (é fundamental para o Prolog) e pensar de forma sistemática significa relacionar os exemplos com a definição de unificação apresentada acima. Analisemos então com detalhe este exemplo.

A definição tem três condições. A condição 2 aplica-se quando um dos argumentos é uma variável e a condição 3 aplica-se quando ambos os argumentos são termos complexos, e portanto não podem ser utilizadas aqui. No entanto, a condição 1 é relevante para este exemplo. Esta condição estabelece que duas

2.1. UNIFICAÇÃO

constantes são unificáveis se e só se são exatamente o mesmo objeto. Como mia e mia são o mesmo átomo, então são unificáveis.

Um raciocínio análogo permite explicar as respostas seguintes:

```
?- 2 = 2.
yes

?- mia = vincent.
no
```

A condição 1 é novamente relevante nesta situação (2, mia e vincent são constantes). Dado que 2 é o mesmo número que 2, e como mia *não* é o mesmo átomo que vincent, o Prolog responde yes ao primeiro objetivo e no ao segundo.

No entanto a condição 1 reserva-nos uma pequena surpresa. Considere o seguinte objetivo:

```
?- 'mia' = mia.
yes
```

Porque é que estes dois termos são unificáveis? Do ponto de vista do Prolog 'mia' e mia são o mesmo átomo. Com efeito, para o Prolog, qualquer átomo da forma 'simbolos' é considerado o mesmo que o átomo simbolos. Isto pode ser útil em certos tipos de programas, e o leitor deve ter este facto sempre presente.

Por outro lado, ao objetivo

```
?- '2' = 2.
```

o Prolog vai responder no. Recordando as definições apresentadas no Capítulo 1, concluímos que tem de ser assim. Com efeito, 2 é um número, mas '2' é um átomo. Não podem ser o mesmo.

Consideremos um exemplo com uma variável:

```
?- mia = X.

X = mia
yes
```

Este é novamente um exemplo fácil: é óbvio que a variável X é unificável com a constante mia. O Prolog realiza essa unificação e informa-nos que o fez. De que forma está essa unificação de acordo com a definição?

A condição que é aqui relevante é a condição 2. Esta condição diz-nos o que acontece quando pelo menos um dos argumentos é uma variável. Neste caso, é o segundo argumento que é uma variável. A definição diz-nos que a unificação é possível, e diz-nos também que a variável é instanciada com o primeiro argumento, isto é, mia. É precisamente isto que o Prolog faz.

Consideremos agora um exemplo importante: o que acontece com o seguinte objetivo?

```
?- X = Y.
```

Dependendo da implementação do Prolog, pode obter-se a resposta

```
?- X = Y.
yes
```

O Prolog limita-se a concordar que os dois termos são unificáveis (com efeito, as variáveis são unificáveis com qualquer termo, pelo que são unificáveis uma com a outra) e regista que, de agora em diante, X e Y denotam o mesmo objeto, ou seja, partilham valores.

Por outro lado, pode obter-se a seguinte resposta:

```
X = _5071
Y = _5071
yes
```

Qual o significado? É essencialmente o mesmo. Note-se que _5071 é uma variável (tal como foi referido no Capítulo 1, as cadeias de caracteres começadas pelo carácter *underscore* são variáveis). A condição 2 da definição diz-nos que quando duas variáveis foram unificadas elas partilham valores. Assim, o Prolog criou uma nova variável (_5071), e, de agora em diante, X e Y partilham o valor desta variável. Na verdade, o Prolog cria um nome de variável comum às duas variáveis originais. Claro que não existe nada de especial relativamente ao número 5071. O Prolog apenas precisa de gerar um nome de variável novo, e os números são uma forma prática de o fazer. Em alternativa, podia ter gerado _5075 ou _6189, ou outro qualquer nome.

Segue-se mais um exemplo envolvendo apenas átomos e variáveis. O que é que o Prolog responde neste caso?

```
?- X = mia, X = vincent.
```

O Prolog responde no. Este objetivo envolve dois subobjetivos, X = mia e X = vincent. Quando considerados separadamente, o Prolog responde yes a ambos, instanciando X com mia no primeiro caso e com vincent no segundo. E este é exatamente o problema: assim que o Prolog termina a análise do primeiro subobjetivo, X é instanciada com mia (e portanto é igual a mia), pelo que já não é unificável com vincent. Logo, o segundo subobjetivo falha. Uma variável *instanciada* deixa de ser uma variável: passou a ser aquilo com que foi instanciada.

Vejamos agora um exemplo que envolve termos complexos:

2.1. UNIFICAÇÃO

```
?- k(s(g),Y) = k(X,t(k)).

X = s(g)
Y = t(k)
yes
```

É óbvio que os dois termos complexos são unificáveis se as instanciações indicadas para as variáveis forem realizadas. Mas como é que isto se relaciona com a definição? Em primeiro lugar, tem de se usar a condição 3, uma vez que estamos a tentar unificar dois termos complexos. Assim, há que começar por verificar que ambos os termos complexos têm o mesmo functor e a mesma aridade. Neste caso este requisito é verificado. A condição 3 diz-nos também que os argumentos correspondentes têm de ser unificáveis. Será que os primeiros argumentos, s(g) e X, são unificáveis? A condição 2 diz-nos que sim, havendo que instanciar X com s(g). Será que os segundos argumentos, Y e t(k), são também unificáveis? Usando novamente a condição 2, a resposta é afirmativa, havendo que instanciar Y com t(k).

Apresenta-se mais um exemplo com termos complexos:

```
?- k(s(g), t(k)) = k(X,t(Y)).

X = s(g)
Y = k
yes
```

Deve ser evidente que os dois termos são unificáveis se se considerarem as instanciações indicadas. Será o leitor capaz de explicar passo a passo como está isto relacionado com a definição?

Um último exemplo:

```
?- gosta(X,X) = gosta(marsellus,mia).
```

Será que estes dois termos são unificáveis? Não, não são unificáveis. São ambos termos complexos, têm o mesmo functor e a mesma aridade. No entanto, a condição 3 exige também que todos os argumentos correspondentes sejam unificáveis, e que as instanciações das variáveis sejam compatíveis. Mas não é isto que acontece neste caso. A unificação dos primeiros argumentos instanciaria X com marsellus. A unificação dos segundos argumentos instanciaria X com mia. Em qualquer dos casos ficamos bloqueados.

A verificação de ocorrência

O conceito de unificação é bem conhecido, e é utilizado em muitas áreas da ciência da computação. Tem sido muito estudado e existem muitos algoritmos de unificação. No entanto, o Prolog *não* utiliza um algoritmo de unificação usual. Em vez disso, utiliza um atalho, e o leitor deve conhecê-lo.

Considere o seguinte objetivo:

```
?- pai(X) = X.
```

Será que estes dois termos são unificáveis? Um algoritmo de unificação usual responderia: "Não, não são". Porquê? Escolha um termo qualquer e instancie X com esse termo. Por exemplo, se se instanciar X com pai(pai(butch)), o termo da esquerda transforma-se em pai(pai(pai(butch))), o termo da direita transforma-se em pai(pai(butch)). Obviamente, estes dois termos não são unificáveis. Para além disso, a escolha do termo com que se instancia X é irrelevante. Qualquer que seja o termo escolhido, os dois termos não podem ser transformados no mesmo, uma vez que o termo da esquerda será sempre mais comprido que o da direita (esse nível extra é dado pela presença do functor pai do lado esquerdo). Um algoritmo de unificação usual deteta esta situação (veremos porquê adiante, quando discutirmos a verificação de ocorrência), para e responde no.

Isto não acontece quando se considera a definição de termos unificáveis apresentada acima. Como o termo do lado direito é a variável X, pela condição 2, os termos *são* unificáveis, e (de acordo com a condição 2) X é instanciado com o termo do lado esquerdo, pai(X). No entanto, X ocorre neste termo, e X foi instanciado com pai(X). O Prolog apercebe-se que pai(X) é na verdade pai(pai(X)). Mas há aqui também um X, e X foi instanciado com pai(X), logo o Prolog apercebe-se que pai(pai(X)) é na verdade pai(pai(pai(X))), e assim por diante. Ao instanciar X com pai(X), o Prolog fica comprometido a efetuar uma sequência de expansões sem fim.

Isto é o que acontece em teoria. Na prática, o que é que acontece? Em implementações mais antigas, o que acontece é exatamente o que acabámos de descrever. Obter-se-ia uma mensagem semelhante a[1]:

```
Not enough memory to complete query!
```

e uma longa sequência de símbolos semelhante a

```
X = pai(pai(pai(pai(pai(pai
    (pai(pai(pai(pai(pai(pai
    (pai(pai(pai(pai(pai(pai
    (pai(pai(pai(pai(pai(pai
    (pai(pai(pai(pai(pai(pai
```

---

[1] NdT: Esta mensagem pode traduzir-se por "Não há memória suficiente para completar a resposta a este objetivo!".

2.1. UNIFICAÇÃO

O Prolog *tenta* desesperadamente obter uma instanciação correta para os termos, mas não consegue terminar, uma vez que o processo de instanciação não é limitado. Do ponto de vista matemático, o que o Prolog está a tentar fazer é sensato. Intuitivamente, a única forma destes dois termos serem unificáveis seria se X fosse instanciado com um termo contendo uma sequência infinita de functores **pai**, de modo a que o efeito da ocorrência extra de **pai** no lado esquerdo fosse anulado. No entanto, os termos que se constroem são entidades *finitas*. Termos infinitos são uma abstração matemática interessante, mas são algo com que não se pode trabalhar. Por mais que se esforce, o Prolog jamais conseguirá construir um.

O facto de o Prolog poder ficar sem memória é desagradável. Implementações mais sofisticadas conseguem tratar estas situações de uma forma mais elegante. Ao avaliar o objetivo **pai(X) = X** no SWI Prolog ou no SICStus Prolog obtém-se uma resposta do tipo:

```
X = pai(pai(pai(pai(...))))))))
yes
```

Isto significa que estas implementações concluem que a unificação *é* possível, mas *não* caem na armadilha de tentarem instanciar X com um termo finito, tal como fazem as implementações menos sofisticadas. Em vez disso, detetam que há um problema potencial, param, declaram que a unificação é possível, e apresentam uma representação finita de um termo infinito, tal como

```
pai(pai(pai(pai(...))))))))
```

no caso do exemplo anterior. Podem fazer-se cálculos com estas representações finitas de termos infinitos? Depende da implementação. Em alguns sistemas, não se consegue fazer muito com eles. Por exemplo, ao avaliar o objetivo

```
?- X = pai(X), Y = pai(Y), X = Y.
```

o sistema aborta (note-se que X = Y requer a unificação de duas representações finitas de termos infinitos). No entanto, em alguns sistemas mais modernos, a unificação é robusta para tais representações (por exemplo, quer o SWI quer o Sicstus conseguem tratar o exemplo anterior) e portanto podemos usá-las nos nossos programas. Contudo, os motivos pelos quais se possa estar interessado em tais representações, e o que estas são de facto, são tópicos que saem do âmbito deste livro.

Resumindo, existem de facto *três* respostas diferentes à pergunta "será que **pai(X)** e X são unificáveis". Há a resposta dada pelos algoritmos de unificação usuais (que respondem **no**), a resposta das implementações do Prolog mais antigas (que tentam realizar a unificação até esgotarem a memória disponível), e a resposta dada pelas implementações do Prolog mais sofisticadas (que respondem **yes** e devolvem uma representação finita de um termo infinito). Assim, não existe uma resposta 'correta' para esta pergunta. O que é importante é que se perceba a diferença entre a unificação usual e a unificação realizada pelo Prolog, e o modo como a implementação do Prolog que o `leitor` está a utilizar trata estes exemplos.

Na sessão prática apresentada no fim do capítulo pede-se ao leitor para experimentar alguns destes exemplos no seu interpretador. No entanto, pretendemos ainda aqui referir algo mais acerca da diferença entre a unificação realizada pelo Prolog e a unificação usual. Tendo em conta as diferentes formas como tratam este exemplo, pode parecer que os algoritmos de unificação usuais e a abordagem do Prolog são muito distintas. Na verdade, não são. Existe apenas uma pequena diferença entre os dois algoritmos que justifica o seu diferente comportamento quando confrontados com a tarefa de unificar termos como X e `pai(X)`. Um algoritmo tradicional, na presença de dois termos a unificar, começa por realizar o que é usualmente conhecido como verificação de ocorrência. Isto significa que se tiver de unificar uma variável com um termo, começa por verificar se a variável ocorre no termo. Se tal acontecer, o algoritmo responde que a unificação é impossível, uma vez que a presença da variável X em `pai(X)` conduz aos problemas discutidos acima. Um algoritmo tradicional só tenta realizar a unificação se a variável não ocorre no termo.

Por outras palavras, os algoritmos de unificação usuais são *pessimistas*. Começam por realizar a verificação de ocorrência, e só quando têm a certeza de que é seguro prosseguir é que tentam unificar os termos. Assim, um algoritmo tradicional nunca fica numa situação em que repetidamente tenta instanciar variáveis, nem tenta fazer uso de termos infinitos.

O Prolog, por seu lado, é *otimista*. Assume que não recebe nada problemático e faz um atalho: omite a verificação de ocorrência. Em presença de dois termos, apressa-se a tentar unificá-los. Sendo o Prolog uma linguagem de programação, esta é uma estratégia inteligente. A unificação é um dos conceitos fundamentais que fazem o Prolog funcionar, por isso tem de ser realizada da forma mais eficiente possível. Realizar uma verificação de ocorrência de cada vez que é necessário fazer uma unificação, faria com que o processo ficasse mais lento. O pessimismo é seguro, mas o otimismo é muito mais rápido! O Prolog apenas encontra problemas se o programador solicitar, por exemplo, a unificação de X e `pai(X)`. Esta é uma situação improvável, pois não é usual que o programador solicite (intencionalmente) uma tal unificação ao escrever um programa Prolog.

Como nota final, refira-se que existe em Prolog um predicado pré-definido que realiza a unificação tradicional (isto é, que realiza a unificação com verificação de ocorrência). O predicado é

`unify_with_occurs_check/2.`

Assim, se se escrever o objetivo

2.1. UNIFICAÇÃO

```
?- unify_with_occurs_check(pai(X),X).
```

obtém-se a resposta **no**.

Programar com unificação

Como referido, a unificação é uma operação fundamental em Prolog, desempenhando um papel fundamental na pesquisa de demonstrações (como se verá em breve). No entanto, à medida que nos vamos familiarizando com o Prolog, tornar-se-á claro que a unificação é interessante e importante por si própria. Com efeito, podem escrever-se programas úteis usando apenas termos complexos para definir conceitos relevantes. A unificação pode ser então usada para extrair a informação pretendida.

Eis um exemplo simples da autoria de Ivan Bratko[2]. A base de conhecimento seguinte define dois predicados, **vertical/2** e **horizontal/2**, que descrevem o que significa dizer que uma reta é vertical ou horizontal, respetivamente:

```
vertical(reta(ponto(X,Y),ponto(X,Z))).
```

```
horizontal(reta(ponto(X,Y),ponto(Z,Y))).
```

À primeira vista esta base de conhecimento pode parecer demasiado simples para ser interessante: contém apenas dois factos e não contém regras. Os dois factos estão definidos através de termos complexos, que por sua vez também têm termos complexos como argumentos. Com efeito, existem termos encaixados em três níveis diferentes. Para além disso, os argumento no nível mais interno são todos variáveis, pelo que os conceitos estão a ser definidos de uma forma genérica. Talvez não seja tão simples como parece. Façamos uma análise mais detalhada.

No nível mais interno, temos um termo complexo com o functor **ponto** e dois argumentos. Estes dois argumentos destinam-se a ser instanciados com números: **ponto(X,Y)** representa as coordenadas cartesianas de um ponto. Ou seja, X indica a distância horizontal a que o ponto se encontra de um certo ponto, e Y indica a distância vertical a que o ponto se encontra desse mesmo ponto.

Dois pontos distintos definem uma reta, a reta que passa por ambos. Assim, os dois termos complexos que representam pontos são agrupados como argumentos num outro termo complexo construído com o functor **reta**. Com efeito, uma reta é representada por um termo complexo que tem dois argumentos, ambos termos complexos e que representam pontos. Estamos a tirar

---

[2] Consulte o livro *Prolog Programming for Artificial Intelligence*, Addison-Wesley Publishing Company, 1990, segunda edição, páginas 41–43.

partido da capacidade do Prolog conseguir construir termos complexos para estabelecer uma hierarquia de conceitos.

Entre as propriedades das retas encontram-se o serem verticais, ou horizontais. Os predicados `vertical` e `horizontal` têm assim apenas um argumento, o qual representa uma reta. A definição de `vertical/1` diz simplesmente: uma reta que passe por dois pontos que tenham a mesma coordenada no eixo dos x é vertical. Observe-se como se consegue capturar em Prolog o efeito de "a mesma coordenada no eixo dos x": basta utilizar a mesma variável `X` como primeiro argumento dos dois termos complexos que representam os pontos.

De modo análogo, a definição de `horizontal/1` diz simplesmente: uma reta que passe por dois pontos que tenham a mesma coordenada no eixo dos y é horizontal. Para capturar o efeito de "a mesma coordenada no eixo dos y" usa-se a mesma variável `Y` como segundo argumento dos dois termos complexos que representam os pontos.

O que se pode fazer com esta base de conhecimento? Vejamos alguns exemplos:

```
?- vertical(reta(ponto(1,1),ponto(1,3))).
yes
```

Isto é óbvio: o objetivo é unificável com a definição de `vertical/1` na nossa pequena base de conhecimento (e, em particular, as representações dos dois pontos têm o mesmo primeiro argumento) pelo que o Prolog responde `yes`. Do mesmo modo, tem-se

```
?- vertical(reta(ponto(1,1),ponto(3,2))).
no
```

Este objetivo não é unificável com a definição de `vertical/1` (as representações dos dois pontos têm primeiros argumentos diferentes) e portanto o Prolog responde `no`.

Podem também colocar-se perguntas mais genéricas:

```
?- horizontal(reta(ponto(1,1),ponto(2,Y))).

Y = 1 ;

no
```

Neste caso o objetivo é: se quisermos uma reta horizontal que passe pelo ponto (1,1) e pelo ponto com coordenada 2 no eixo dos x, qual deve ser a coordenada no eixo dos y deste segundo ponto? O Prolog diz-nos que esssa coordenada deve ser 1, que é a resposta correta. Se pedirmos uma segunda possibilidade (note-se o símbolo ;), o Prolog diz-nos que não existem mais possibilidades.

Considere-se agora o seguinte:

2.2. PESQUISA DE DEMONSTRAÇÕES

```
?- horizontal(reta(ponto(2,3),P)).

P = ponto(_1972,3) ;

no
```

O objetivo é: se quisermos uma reta horizontal que passe pelo ponto (2,3) e por qualquer outro ponto, quais são os pontos admissíveis? A resposta é: qualquer ponto cuja coordenada no eixo dos y seja 3. Observe-se que `_1972` no primeiro argumento da resposta é uma variável, que é a forma que o Prolog tem de nos dizer que qualquer valor na coordenada no eixo dos x serve.

É pertinente fazer aqui uma observação de carácter geral. A resposta dada ao último objetivo, `ponto(_1972,3)`, é uma resposta *estruturada*, isto é, a resposta é um termo complexo que representa um conceito sofisticado: "qualquer ponto cuja coordenada no eixo dos y seja 3". Esta estrutura foi construída usando exclusivamente a unificação: não foi usada nenhuma inferência lógica (e, em particular, não se usou o modus ponens). O uso da unificação para construir estas estruturas é um poderoso mecanismo da programação em Prolog, muito mais poderoso do que este exemplo simples pode à partida sugerir. Para além disso, um programa que faça uso intensivo da unificação será, em geral, muito eficiente. No Capítulo 7 estudar-se-á um exemplo interessante, a propósito das listas de diferença[3], as quais são utilizadas para implementar o sistema de gramáticas pré-definido do Prolog, as gramáticas de cláusulas definidas.

Este estilo de programação é particularmente útil em aplicações em que os conceitos relevantes têm uma estrutura hierárquica natural (como tinham no caso da base de conhecimento acima), pois podem usar-se termos complexos para representar esta estrutura, e usar-se a unificação para aceder a essa estrutura. Esta técnica desempenha um papel importante em linguística computacional, por exemplo, uma vez que a informação sobre a linguagem tem uma estrutura hierárquica natural (pensemos no modo como as frases podem ser analisadas em termos de grupos nominais e grupos verbais, e os grupos nominais em termos de determinantes e nomes, e assim por diante).

2.2 Pesquisa de demonstrações

Agora que já temos conhecimentos suficientes acerca da unificação, podemos começar a investigar a forma como o Prolog pesquisa uma base de conhecimento para determinar se um objetivo é satisfeito, isto é, vamos estudar o conceito de

---
[3]NdT: do inglês *difference lists*.

pesquisa de demonstração. As ideias principais vão ser apresentadas através de um exemplo simples.

Suponha-se que temos a seguinte base de conhecimento:

```
f(a).
f(b).

g(a).
g(b).

h(b).

k(X) :- f(X), g(X), h(X).
```

e suponha-se que escrevemos o objetivo

```
?- k(Y).
```

Deve ser óbvio que existe apenas uma resposta a este objetivo, que é `k(b)`. Vejamos como é que o Prolog chega a esta conclusão.

O Prolog lê a base de conhecimento e tenta unificar `k(Y)` ou com um facto ou com a cabeça de uma regra. Pesquisa a base de conhecimento de cima para baixo, e executa a unificação, se conseguir, na primeira hipótese possível. Neste caso existe apenas uma possibilidade: tem de unificar `k(Y)` com a cabeça da regra `k(X) :- f(X), g(X), h(X)`.

Quando o Prolog unifica uma variável presente num objetivo com uma variável num facto ou numa regra, gera uma nova variável (por exemplo `_G34`) para representar as variáveis partilhadas. Assim, o objetivo original é agora

```
k(_G34)
```

e o Prolog sabe

```
k(_G34) :- f(_G34), g(_G34), h(_G34).
```

Qual é a situação que temos neste momento? O objetivo original afirma: "quero encontrar um indivíduo com a propriedade `k`". A regra afirma, "um indivíduo tem a propriedade `k` se tiver as propriedades `f`, `g` e `h`". Assim, se o Prolog conseguir encontrar um indivíduo com as propriedades `f`, `g` e `h`, o objetivo original será satisfeito. Deste modo, o Prolog substitui o objetivo original pela lista de subobjetivos seguinte:

```
f(_G34), g(_G34), h(_G34).
```

A forma como temos vindo a explicar o processo de resposta pode ser apresentada de modo mais sucinto e elegante se pensarmos em termos gráficos. Considere-se o seguinte diagrama:

2.2. PESQUISA DE DEMONSTRAÇÕES

```
           ?- k(Y)
   Y = _G34
   ?- f(_G34),g(_G34),h(_G34)
```

Dentro de cada caixa encontram-se objetivos e subobjetivos. A intenção original era demonstrar k(Y), e portanto este objetivo encontra-se na primeira caixa. Quando se unificou k(Y) com a cabeça da regra na base de conhecimento, X, Y e a nova variável interna _G34 passaram a partilhar valores, e ficámos com os subobjetivos f(_G34),g(_G34),h(_G34), tal como vimos.

Quando o Prolog tem uma lista de subobjetivos tenta estabelecê-los um por um, percorrendo a lista da esquerda para a direita. O subobjetivo mais à esquerda é f(_G34), cujo significado é: "Quero encontrar um indivíduo com a propriedade f". Será que este subobjetivo pode ser satisfeito? O Prolog tenta fazê-lo pesquisando a base de conhecimento de cima para baixo. O primeiro item que encontra que é unificável com este subobjetivo é o facto f(a). O subobjetivo f(_G34) fica assim satisfeito, restando ainda dois subobjetivos. Quando se unifica f(_G34) com f(a), _G34 é instanciada com a, e esta instanciação aplica-se a todas as ocorrências de _G34 na lista de subobjetivos. Deste modo, a lista é agora

   g(a),h(a)

e a representação gráfica da pesquisa tem agora o seguinte aspeto:

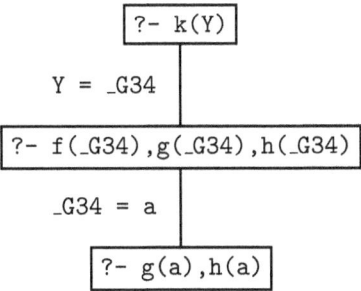

Como o facto g(a) está na base de conhecimento, o primeiro dos subobjetivos por estabelecer fica também satisfeito. A lista é agora

   h(a)

e a representação gráfica é:

36 CAPÍTULO 2. UNIFICAÇÃO E PESQUISA DE DEMONSTRAÇÕES

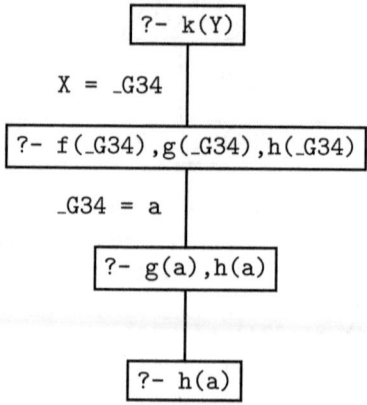

Mas não existe forma de satisfazer h(a), o subobjetivo restante. A única informação acerca de h disponível na base de conhecimento é h(b), que não é unificável com h(a).

O que acontece a seguir? O Prolog decide que cometeu um erro, e verifica se haverá outras possibilidades de unificar um dos subobjetivos com um facto ou com a cabeça de uma regra existentes na base de conhecimento. Para tal, percorre, em sentido inverso, o caminho apresentado na representação gráfica procurando alternativas. Na base de conhecimento nada mais unifica com g(a), mas *existe* uma outra possibilidade de unificação para f(_G34). Os pontos na pesquisa nos quais existem várias alternativas de unificação de um subobjetivo com elementos da base de conhecimento são designados por pontos de escolha. O Prolog guarda informação acerca dos pontos de escolha encontrados, por forma a que quando faz uma escolha errada possa retroceder ao ponto de escolha anterior e tentar uma outra alternativa. Este processo é designado por retrocesso[4], e é fundamental para a pesquisa de demonstrações.

Prossigamos com este exemplo. O Prolog retrocede até ao último ponto de escolha, que na representação gráfica corresponde à caixa com a lista de subobjetivos

    f(_G34),g(_G34),h(_G34).

O Prolog de tem voltar a tentar satisfazer estes subobjetivos. Em primeiro lugar, tem de tentar satisfazer o primeiro subobjetivo prosseguindo a pesquisa na base de conhecimento. Pode fazê-lo unificando o primeiro subobjetivo, f(_G34), com f(b). Isto satisfaz o subobjetivo f(_G34) e instancia X com b. A lista de subobjetivos é agora

    g(b),h(b).

---
[4]NdT: do inglês *backtracking*.

2.2. PESQUISA DE DEMONSTRAÇÕES

Como g(b) é um facto na base de conhecimento, este subobjetivo fica também satisfeito, e a lista passa a ser

```
h(b).
```

Como este facto está também na base de conhecimento, este subobjetivo é também satisfeito. O Prolog ficou assim com uma lista de subobjetivos vazia. Isto significa que conseguiu demonstrar tudo o que era necessário para o objetivo inicial (ou seja, k(Y)). Assim, o objetivo inicial *pode ser* estabelecido e o Prolog conseguiu também descobrir uma forma de o fazer (instanciando Y com b).

É interessante pensar no que acontece se pedirmos outra solução, escrevendo:

```
;
```

Isto obriga o Prolog a retroceder ao último ponto de escolha para tentar encontrar outra alternativa. Contudo, não existem mais pontos de escolha, uma vez que não existem outras possibilidades de unificar h(b), g(b), f(_G34) ou k(Y) com cláusulas na base de conhecimento. Assim o Prolog responde no. Por outro lado, se existissem outras regras envolvendo k, o Prolog teria tentado usá-las da forma que acabámos de descrever: pesquisando a base de conhecimento de cima para baixo, as listas de subobjetivos da esquerda para a direita, e retrocedendo a pontos de escolha anteriores em caso de falha.

Vejamos a representação gráfica de todo o processo de pesquisa. Estas representações são importantes quando se raciocina acerca da pesquisa de demonstrações em Prolog, pelo que é conveniente fazer algumas observações de carácter genérico. Este diagrama é uma árvore; com efeito, é o primeiro exemplo do que é usualmente designado por árvore de pesquisa. Os nós destas árvores indicam quais os subobjetivos que têm de ser satisfeitos ao longo da pesquisa da demonstração, e as arestas mantêm a informação acerca das instanciações das variáveis que foram feitas quando o subobjetivo em causa (isto é, o primeiro subobjetivo da lista que se encontra no nó acima da aresta) é unificado com um facto ou com a cabeça de uma regra na base de conhecimento. Os nós folha nos quais ainda se encontram subobjetivos por satisfazer são pontos em que o Prolog falhou (ou porque fez uma escolha errada algures ao longo do caminho, ou porque não existe solução). Os nós folha com listas de subobjetivos vazias correspondem a possíveis soluções, e designam-se por nós sucesso. As arestas ao longo do caminho que liga o nó raiz a um destes nós folha indicam-nos as instanciações das variáveis que são necessárias para satisfazer o objetivo inicial.

38   CAPÍTULO 2. UNIFICAÇÃO E PESQUISA DE DEMONSTRAÇÕES

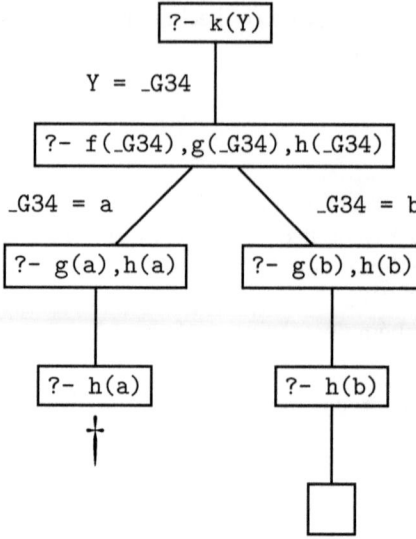

Vejamos um outro exemplo. Suponha-se que estamos a considerar a seguinte base de conhecimento:

```
gosta(vincent,mia).
gosta(marsellus,mia).

temCiumes(A,B):- gosta(A,C),gosta(B,C).
```

Consideremos agora o objetivo

```
?- temCiumes(X,Y).
```

A árvore de pesquisa tem o seguinte aspeto:

2.2. PESQUISA DE DEMONSTRAÇÕES

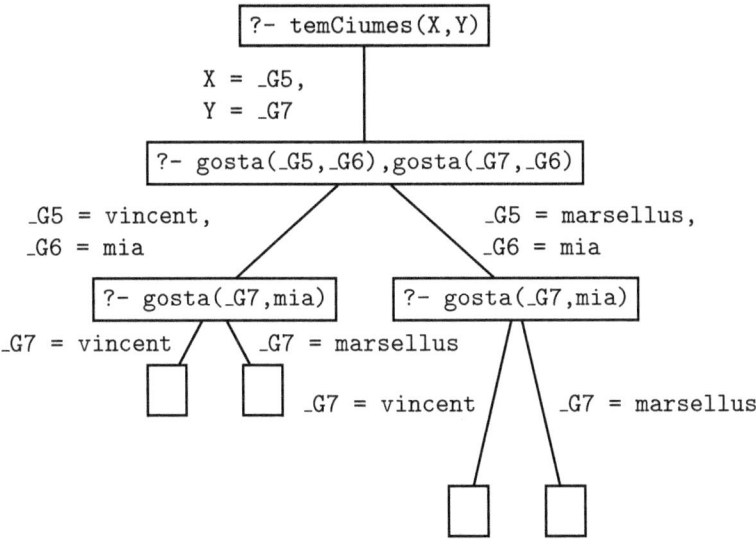

Existe uma única forma de unificar `temCiumes(X,Y)` com o conteúdo da base de conhecimento, usando, designadamente, a regra

`temCiumes(A,B):- gosta(A,C), gosta(B,C).`

Assim, os novos subobjetivos a satisfazer são

`gosta(_G5,_G6),gosta(_G7,_G6)`

Há agora que unificar `gosta(_G5,_G6)` com o conteúdo da base de conhecimento. Existem duas possibilidades de o fazer (pode ser unificado com o primeiro facto ou com o segundo). É por isso que a árvore ramifica neste ponto. Em ambos os casos, o subobjetivo `gosta(_G7,mia)` subsiste, e pode ser satisfeito usando qualquer um dos dois factos. Em resumo, existem quatro nós folha com uma lista vazia de subobjetivos, o que significa que existem quatro formas de satisfazer o objetivo original. As instanciações das variáveis para cada uma das soluções podem ser obtidas a partir do caminho que vai da raiz até ao nó folha. Assim, as quatro soluções são:

1. X = _G5 = vincent e Y = _G7 = vincent
2. X = _G5 = vincent e Y = _G7 = marsellus
3. X = _G5 = marsellus e Y = _G7 = vincent
4. X = _G5 = marsellus e Y = _G7 = marsellus

Aconselha-se o leitor a estudar este exemplo com cuidado, garantindo que compreendeu os aspetos essenciais.

2.3 Exercícios

Exercício 2.1 Quais dos seguintes pares de termos são unificáveis? Indique as instanciações das variáveis que conduzem à unificação, quando relevante.

1. pao = pao
2. 'Pao' = pao
3. 'pao' = pao
4. Pao = pao
5. pao = salsicha
6. comida(pao) = pao
7. comida(pao) = X
8. comida(X) = comida(pao)
9. comida(pao,X) = comida(Y,salsicha)
10. comida(pao,X,cerveja) = comida(Y,salsicha,X)
11. comida(pao,X,cerveja) = comida(Y,hamburguer_kahuna)
12. comida(X) = X
13. refeicao(comida(pao),bebida(cerveja)) = refeicao(X,Y)
14. refeicao(comida(pao),X) = refeicao(X,bebida(cerveja))

Exercício 2.2 Considere-se a seguinte base de conhecimento:

    elfo_domestico(dobby).
    feiticeira(hermione).
    feiticeira('McGonagall').
    feiticeira(rita_skeeter).
    magico(X):- elfo_domestico(X).
    magico(X):- feiticeiro(X).
    magico(X):- feiticeira(X).

Quais dos seguintes objetivos são satisfeitos? Indique todas as instanciações de variáveis que conduzem a nós sucesso, quando relevante.

1. ?- magico(elfo_domestico).
2. ?- feiticeiro(harry).

2.3. EXERCÍCIOS

3. ?- magico(feiticeiro).

4. ?- magico('McGonagall').

5. ?- magico(Hermione).

Indique a árvore de pesquisa correspondente ao objetivo `magico(Hermione)`.

Exercício 2.3 Considere-se um pequeno léxico (ou seja, informação acerca de palavras individuais) e uma pequena gramática constituída por uma regra sintática (que define uma frase como sendo uma entidade constituída por cinco palavras pela ordem seguinte: um determinante, um nome, um verbo, um determinante, um nome).

```
palavra(determinante,um).
palavra(determinante,qualquer).
palavra(nome,criminoso).
palavra(nome,'hamburguer big kahuna').
palavra(verbo,come).
palavra(verbo,gosta).

frase(Palavra1,Palavra2,Palavra3,Palavra4,Palavra5):-
   palavra(determinante,Palavra1),
   palavra(nome,Palavra2),
   palavra(verbo,Palavra3),
   palavra(determinante,Palavra4),
   palavra(nome,Palavra5).
```

Qual o objetivo que deve ser escrito para encontrar todas as frases que esta gramática consegue gerar? Escreva a lista de todas as frases que esta gramática gera pela ordem que o Prolog as gera.

Exercício 2.4 Considerem-se as seguintes seis palavras italianas:
  astante, astoria, baratto, cobalto, pistola, statale.
Pretende-se dispô-las na seguinte grelha, de modo análogo ao usado nas palavras cruzadas:

42 CAPÍTULO 2. UNIFICAÇÃO E PESQUISA DE DEMONSTRAÇÕES

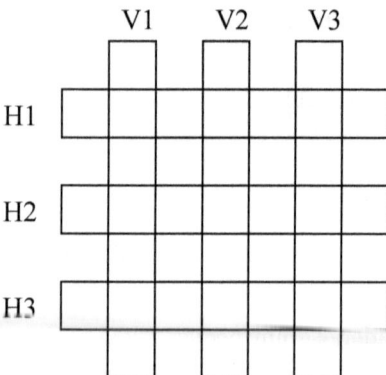

A base de conhecimento seguinte representa um léxico contendo estas palavras:

```
palavra(astante, a,s,t,a,n,t,e).
palavra(astoria, a,s,t,o,r,i,a).
palavra(baratto, b,a,r,a,t,t,o).
palavra(cobalto, c,o,b,a,l,t,o).
palavra(pistola, p,i,s,t,o,l,a).
palavra(statale, s,t,a,t,a,l,e).
```

Escreva um predicado `palavras_cruzadas/6` que indique como preencher a grelha. Os primeiro três argumentos deverão ser as palavras a colocar na vertical, da esquerda para a direita, e os três últimos argumentos deverão ser as palavras a colocar na horizontal, de cima para baixo.

2.4 Sessão prática

Nesta fase o leitor já deverá ter feito as primeiras experiências com programas Prolog. O objetivo da segunda sessão prática é propor dois conjuntos de exercícios destinados a familiarizar o leitor com a forma como o Prolog funciona. O primeiro diz respeito à noção de unificação e o segundo à pesquisa de demonstrações.

Comece por iniciar o seu interpretador de Prolog, de modo a que apareça um ecrã com a habitual mensagem "Estou pronto para começar", que deverá ter o seguinte aspeto:

```
?-
```

Confirme as suas respostas ao Exercício 2.1, relativo aos exemplos de unificação. Não é necessário consultar qualquer base de conhecimento. É suficiente usar

2.4. SESSÃO PRÁTICA

o predicado pré-definido =/2 para determinar se dois termos são unificáveis. Por exemplo, para determinar se comida(pao,X) e comida(Y,salsicha) são unificáveis, basta escrever

   comida(pao,X) = comida(Y,salsicha).

O leitor deve também verificar o que acontece com a sua implementação do Prolog quando tenta unificar termos que não são unificáveis devido ao facto de não ser realizada a verificação de ocorrência. Por exemplo, verifique o que acontece quando se escreve o seguinte objetivo:

   g(X,Y) = Y.

Se a sua implementação do Prolog conseguir tratar este caso, experimente o exemplo mais delicado referido no texto:

   X = f(X), Y = f(Y), X = Y.

Após estes exercícios, vejamos algo de novo. Existe em Prolog um outro predicado pré-definido para responder a objetivos relativos a unificação, o predicado \=/2 (isto é: o predicado \= com 2 argumentos). O comportamento é o oposto ao do predicado =/2: é verdadeiro quando os dois argumentos *não* são unificáveis. Por exemplo, os termos a e b não são unificáveis, o que explica o diálogo seguinte:

   ?- a \= b.
   yes

Certifique-se que compreendeu o modo como funciona o predicado \=/2, experimentado-o (pelo menos) nos exemplos seguintes. Mas seja pró-ativo, isto é, após escrever um exemplo, e antes de o mandar avaliar, tente prever o que o Prolog vai responder.

1. a \= a

2. 'a' \= a

3. A \= a

4. f(a) \= a

5. f(a) \= A

6. f(A) \= f(a)

7. g(a,B,c) \= g(A,b,C)

8. g(a,b,c) \= g(A,C)

9. `f(X) \= X`

Assim, o predicado `\=/2` é (essencialmente) a negação do predicado `=/2`: um objetivo que envolva um destes predicados verifica-se quando o objetivo correspondente envolvendo o outro predicado não se verifica, e vice-versa. Este é o primeiro exemplo de um mecanismo do Prolog para manipular a negação. No Capítulo 10, voltaremos a este assunto para discutir a negação em Prolog (e as suas peculiaridades).

Apresentemos agora uma das ferramentas mais úteis em Prolog: o predicado **trace**. É um predicado pré-definido que modifica o modo como o Prolog funciona: obriga o Prolog a avaliar objetivos passo a passo, indicando o que está a fazer em cada momento. Aguarda que o utilizador prima a tecla *return*, antes de prosseguir para o próximo passo, de modo a permitir que o utilizador veja o que está a acontecer. Na verdade, foi concebido como ferramenta de depuração, mas é também útil para quem está a aprender Prolog: a avaliação passo a passo de objetivos usando o predicado **trace** é uma forma *excelente* de perceber como funciona a pesquisa de demonstrações em Prolog.

Vejamos um exemplo. Analisámos no texto a pesquisa da demonstração envolvida na avaliação do objetivo `k(Y)` no âmbito da seguinte base de conhecimento:

```
f(a).
f(b).

g(a).
g(b).

h(b).

k(X):- f(X), g(X), h(X).
```

Assuma-se que esta base de conhecimento está no ficheiro `demonstracao.pl`. Começamos por consultar este ficheiro:

```
?- [demonstracao].
yes
```

Escrevemos de seguida **trace**, seguido de um ponto final e premimos a tecla *return*:

```
?- trace.
yes
```

O Prolog está agora em modo *trace*, e irá avaliar passo a passo todos os objetivos. Por exemplo, se avaliarmos o objetivo `k(X)`, e de seguida premirmos a tecla *return* cada vez que o Prolog escrever `?`, obtém-se algo semelhante a

2.4. SESSÃO PRÁTICA

```
[trace] 2 ?- k(X).
   Call: (6) k(_G34) ?
   Call: (7) f(_G34) ?
   Exit: (7) f(a) ?
   Call: (7) g(a) ?
   Exit: (7) g(a) ?
   Call: (7) h(a) ?
   Fail: (7) h(a) ?
   Fail: (7) g(a) ?
   Redo: (7) f(_G34) ?
   Exit: (7) f(b) ?
   Call: (7) g(b) ?
   Exit: (7) g(b) ?
   Call: (7) h(b) ?
   Exit: (7) h(b) ?
   Exit: (6) k(b) ?

X = b
yes
```

Analise este exemplo com cuidado. Tente fazer este exemplo sem recorrer ao computador e relacione este resultado com a discussão do exemplo no texto e, em particular, com os nós da árvore de pesquisa. Como ponto de partida, note que a terceira linha é onde a variável do objetivo é (incorretamente) instanciada com a. A primeira linha anotada com fail é onde o Prolog se apercebe que seguiu o caminho errado e começa a retroceder. A linha anotada com redo é onde tenta alternativas para o objetivo f(_G34).

Ao estudar Prolog, utilize o predicado trace com frequência. É uma excelente forma de aprender. A propósito: tem também que saber como desligar o modo *trace*. Para tal, basta escrever notrace (seguido de um ponto final) e premir *return*:

```
?- notrace.
yes
```

Capítulo 3
Recursão

> Este capítulo tem dois objetivos:
> 1. Estudar definições recursivas em Prolog.
> 2. Mostrar que podem existir discrepâncias entre a semântica declarativa de um programa Prolog e a sua semântica procedimental.

3.1 Definições recursivas

Os predicados podem ser definidos recursivamente. Informalmente, um predicado é definido por recursão se numa ou mais regras da sua definição houver referências a si próprio.

Exemplo 1: Comer

Considere-se a base de conhecimento seguinte:

```
esta_a_digerir(X,Y) :- comeu(X,Y).
esta_a_digerir(X,Y) :-
     comeu(X,Z),
     esta_a_digerir(Z,Y).

comeu(mosquito,sangue(john)).
comeu(sapo,mosquito).
comeu(cegonha,sapo).
```

À primeira vista, esta base de conhecimento parece simples: é apenas uma base de conhecimento com três factos e duas regras. Mas a definição do predicado esta_a_digerir/2 é recursiva. Note que esta_a_digerir/2 está (pelo menos parcialmente) definido à custa de si próprio, uma vez que o functor esta_a_digerir/2 ocorre tanto na cabeça como no corpo da segunda regra. Existe no entanto uma forma de "escapar" a esta circularidade, dada pelo predicado comeu/2 que ocorre na primeira regra. (Note-se que o corpo da primeira regra não faz referência a esta_a_digerir/2.) Considerem-se agora as semânticas declarativa e procedimental desta definição.

A palavra "declarativa" é utilizada para falar do significado lógico das bases de conhecimento Prolog. A semântica declarativa de uma base de conhecimento Prolog é apenas "o que afirma", ou "o que significa, se a virmos como uma coleção de afirmações lógicas". A semântica declarativa desta definição recursiva é imediata. A primeira cláusula (a cláusula que permite escapar à circularidade, ou seja, aquela que não é recursiva, ou cláusula base, como é usualmente denominada) afirma simplesmente que: *se* X comeu Y, *então* X está a digerir Y. Esta é uma afirmação razoável.

E o que se pode dizer acerca da segunda cláusula, a cláusula recursiva? Esta cláusula afirma que: *se* X comeu Z *e* Z está a digerir Y, *então* X está também a digerir Y. Esta é também uma afirmação razoável.

Sabemos agora o que esta definição recursiva significa. Mas o que é que acontece se avaliarmos um objetivo que necessite desta definição, isto é, o que significa realmente esta definição? Ou, usando a terminologia usual do Prolog, qual é a sua semântica procedimental?

3.1. DEFINIÇÕES RECURSIVAS

Esta resposta também é relativamente fácil. A regra base é semelhante às regras apresentadas anteriormente. Se perguntarmos se X está a digerir Y, o Prolog pode usar esta regra para, em alternativa, perguntar: X comeu Y?

E o que dizer da cláusula recursiva? Esta dá ao Prolog uma outra estratégia para determinar se X está a digerir Y: *pode tentar encontrar Z tal que X comeu Z, e Z está a digerir Y*. Esta regra permite que o Prolog divida a tarefa em duas subtarefas. Ao proceder deste modo, espera-se obter problemas mais simples que possam ser resolvidos procurando na base de conhecimento. A figura seguinte resume esta situação:

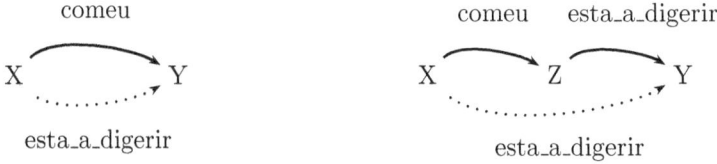

Vejamos como funciona. Se perguntarmos

```
?- esta_a_digerir(cegonha,mosquito).
```

o Prolog procede do seguinte modo. Em primeiro lugar, tenta utilizar a primeira regra que encontra relativa a `esta_a_digerir`, ou seja, a regra base. Esta regra afirma que X está a digerir Y se X comeu Y. Unificando X com `cegonha` e Y com `mosquito` o Prolog obtém o seguinte objetivo:

```
comeu(cegonha,mosquito).
```

Mas a base de conhecimento não contém a informação de que a cegonha comeu o mosquito, e portanto esta tentativa falha. Consequentemente, o Prolog tenta de seguida utilizar a segunda regra. Ao unificar X com `cegonha` e Y com `mosquito` o Prolog obtém os seguintes objetivos:

```
comeu(cegonha,Z),
esta_a_digerir(Z,mosquito).
```

Isto significa que para demonstrar `esta_a_digerir(cegonha,mosquito)`, o Prolog precisa de encontrar um valor para Z tal que,

```
comeu(cegonha,Z).
```

e

```
esta_a_digerir(Z,mosquito).
```

E este valor para Z existe, designadamente `sapo`. É imediato que se verifica

```
comeu(cegonha,sapo).
```

uma vez que este facto pertence à base de conhecimento. É também fácil deduzir

```
esta_a_digerir(sapo,mosquito).
```

dado que a primeira cláusula de `esta_a_digerir/2` reduz este objetivo a deduzir

```
comeu(sapo,mosquito).
```

e este facto está presente na base de conhecimento.

Este foi o primeiro exemplo de definição recursiva de uma regra. Iremos em seguida estudar um pouco mais este tipo de definições, mas impõe-se fazer primeiro uma observação de carácter prático. Deve ser claro para o leitor que quando se escreve uma definição recursiva devem existir sempre, pelo menos, duas cláusulas: uma cláusula base (a cláusula que termina a recursão a dada altura) e uma que contém a recursão. Se tal não acontecer, o Prolog pode dar início uma sequência sem fim de computações inúteis. A definição seguinte é um exemplo muito simples de definição recursiva:

```
p :- p.
```

Apenas isto, nada mais. Do ponto de vista declarativo é uma definição razoável (ainda que pouco interessante): afirma que "se uma propriedade p se verifica, então a propriedade p verifica-se". Esta afirmação é de facto indesmentível.

Mas do ponto de vista procedimental, está é uma regra perigosa. De facto, esta é, de entre as regras perigosas, a mais perigosa de todas: exatamente o mesmo em ambos os lados, e nenhuma cláusula base que permita terminar. Considere-se o que acontece quando se avalia o seguinte objetivo:

```
?- p.
```

O Prolog pergunta a si próprio: "Como vou demonstrar p?" e constata "Tenho uma regra para isto! Para demonstrar p só preciso de demonstrar p!". Logo, pergunta a si próprio (de novo): "Como vou demonstrar p?" e constata "Tenho uma regra para isto! Para demonstrar p só preciso de demonstrar p!". Logo, pergunta a si próprio (mais uma vez): "Como vou demonstrar p?" e constata "Tenho uma regra para isto! Para demonstrar p só preciso de demonstrar p!", e assim sucessivamente.

Se mandarmos avaliar este objetivo, o Prolog não dará resposta: prosseguirá numa busca desesperada e sem fim. A avaliação não vai terminar e o utilizador terá de interrompê-la. Pode observar-se cada um dos passos utilizando `trace`.

3.1. DEFINIÇÕES RECURSIVAS

Exemplo 2: Descendentes

Agora que já sabemos algo acerca do que *está* envolvido na recursão em Prolog, há que perguntar *porque* é tão importante. Esta é uma questão que pode ter resposta a diversos níveis, mas por agora vamos manter-nos num nível mais prático.

Será que para escrever programas Prolog relevantes as definições recursivas são assim tão importantes? Se sim, porquê?

Consideremos um exemplo. Suponha-se que temos uma base de conhecimento com factos acerca da relação filho:

```
filho(bridget,caroline).
filho(caroline,donna).
```

Ou seja, a Caroline é filha da Bridget, e a Donna é filha da Caroline. Suponha-se agora que se pretende definir a relação descendente; isto é, a relação de ser filho de, ou ser filho de filho de, ou ser filho de filho de filho de, e assim sucessivamente. Segue-se uma primeira tentativa. Poderíamos acrescentar à base de conhecimento duas regras *não* recursivas:

```
descendente(X,Y) :- filho(X,Y).

descendente(X,Y) :- filho(X,Z),
                    filho(Z,Y).
```

É óbvio que estas definições funcionam até certo ponto, mas são limitadas: apenas definem o conceito de descendente-de para duas ou menos gerações. Isto é suficiente para a base de conhecimento anterior, mas suponha-se que acrescentamos mais informação acerca da relação filho-de, aumentando a lista de factos como se segue:

```
filho(anne,bridget).
filho(bridget,caroline).
filho(caroline,donna).
filho(donna,emily).
```

As duas regras são agora inadequadas. Por exemplo, se avaliarmos

```
?- descendente(anne,donna).
```

ou

```
?- descendente(bridget,emily).
```

obtemos a resposta **no**, que *não* é a resposta que pretendemos. Claro que poderíamos "resolver" esta situação acrescentando as duas regras seguintes:

```
descendente(X,Y) :- filho(X,Z_1),
                    filho(Z_1,Z_2),
                    filho(Z_2,Y).

descendente(X,Y) :- filho(X,Z_1),
                    filho(Z_1,Z_2),
                    filho(Z_2,Z_3),
                    filho(Z_3,Y).
```

Mas convenhamos que é uma solução deselegante e difícil de entender. Mais ainda, se acrescentássemos mais factos acerca da relação filho-de, teríamos de acrescentar cada vez mais regras à medida que a lista de factos acerca da relação filho-de crescesse:

```
descendente(X,Y) :- filho(X,Z_1),
                    filho(Z_1,Z_2),
                    filho(Z_2,Z_3),
                          .
                          .
                          .
                    filho(Z_17,Z_18).
                    filho(Z_18,Z_19).
                    filho(Z_19,Y).
```

Este não é talvez o melhor caminho a seguir!

Pode evitar-se completamente o uso destas regras. A definição recursiva seguinte resolve este problema exatamente como se pretendia:

```
descendente(X,Y) :- filho(X,Y).

descendente(X,Y) :- filho(X,Z),
                    descendente(Z,Y).
```

O que afirma esta definição? O significado declarativo da cláusula base é: *se* Y é filho de X, *então* Y é descendente de X. Esta afirmação é razoável. O que dizer acerca da cláusula recursiva? O seu significado declarativo é: *se* Z é filho de X, *e* Y é descendente de Z, *então* Y é descendente de X. Esta é também uma afirmação verdadeira.

Analisemos o significado procedimental desta definição recursiva através de um exemplo. O que acontece quando mandamos avaliar

```
descendente(anne,donna)
```

O Prolog tenta utilizar a primeira regra. A variável X na cabeça da regra é unificada com **anne** e Y com **donna**, e o objetivo que o Prolog tenta demonstrar a seguir é

3.1. DEFINIÇÕES RECURSIVAS

```
filho(anne,donna)
```

Contudo, esta tentativa falha, uma vez que o facto `filho(anne,donna)` não existe na base de conhecimento, nem existem regras que permitam inferir este facto. Assim, o Prolog retrocede e procura uma forma alternativa de demonstrar `descendente(anne,donna)`. Encontra a segunda regra na base de conhecimento e fica com os seguintes subobjetivos:

```
filho(anne,_633),
descendente(_633,donna).
```

O Prolog considera o primeiro subobjetivo e tenta unificá-lo com algo na base de conhecimento. Encontra o facto `filho(anne,bridget)` e instancia a variável `_633` com `bridget`. Uma vez satisfeito o primeiro subobjetivo, o Prolog passa para o segundo subobjetivo. Tem de demonstrar

```
descendente(bridget,donna)
```

Esta é a primeira chamada recursiva ao predicado `descendente/2`. Tal como anteriormente, o Prolog começa com a primeira regra, mas falha, uma vez que o objetivo

```
filho(bridget,donna)
```

não pode ser demonstrado. Quando retrocede, o Prolog constata que existe uma segunda possibilidade a ser verificada para `descendente(bridget,donna)`, nomeadamente a segunda regra, que origina uma vez mais dois novos subobjetivos:

```
filho(bridget,_1785),
descendente(_1785,donna).
```

O primeiro pode ser unificado com o facto `filho(bridget,caroline)` presente na base de conhecimento, pelo que a variável `_1785` é instanciada com `caroline`. O Prolog tenta demonstrar de seguida

```
descendente(caroline,donna).
```

Esta é a segunda chamada recursiva ao predicado `descendente/2`. Tal como anteriormente, começa com a primeira regra, obtendo o seguinte novo objetivo:

```
filho(caroline,donna)
```

Desta vez, o Prolog tem sucesso, uma vez que filho(caroline,donna) é um dos factos na base de conhecimento. O Prolog encontrou uma demonstração para o objetivo descendente(caroline,donna) (a segunda chamada recursiva). Mas isto significa que descendente(bridget,donna) (a primeira chamada recursiva) também se verifica, e portanto o objetivo original descendente(anne,donna) também se verifica.

A árvore de pesquisa para o objetivo descendente(anne,donna) é apresentada de seguida. O leitor deverá certificar-se que compreende como é que esta árvore se relaciona com as observações anteriores, isto é, o modo o Prolog percorre esta árvore de pesquisa ao tentar demonstrar este objetivo.

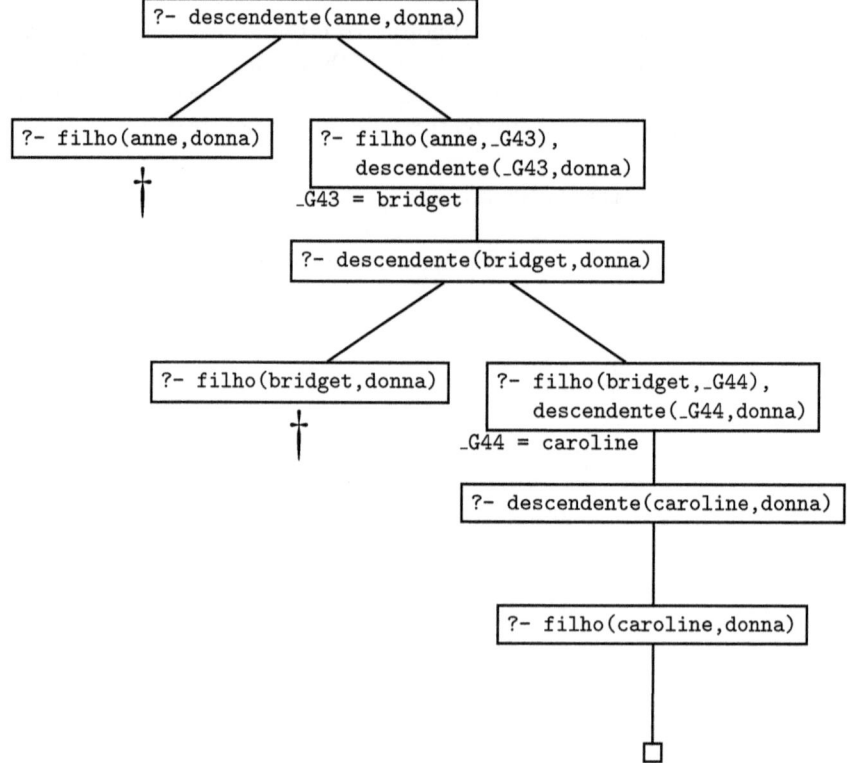

Após este exemplo deve ser claro que independentemente do número de gerações que se acrescente, será sempre possível calcular a relação de descendência. Ou seja, a definição recursiva é simultaneamente genérica e compacta: contém *toda* a informação das regras não recursivas, e muito mais. As regras não recursivas definiam apenas o conceito de descendência até um número fixo de gerações: teríamos que escrever um número infinito de regras não recursivas para representar devidamente este conceito, o que é natural-

3.1. DEFINIÇÕES RECURSIVAS

mente impossível. Mas é precisamente isso que a regra recursiva faz: agrega em apenas três linhas de código toda a informação necessária para manipular qualquer número arbitrário de gerações.

As definições recursivas são de facto muito importantes. Permitem representar muita informação de uma forma compacta e definir predicados de modo natural. Grande parte do trabalho que o leitor terá de fazer como programador em Prolog irá envolver definições recursivas.

Exemplo 3: Sucessor

No capítulo anterior referimos que uma das ideias fundamentais da programação em Prolog é a utilização da unificação para construir estruturas que permitem representar conceitos sofisticados. A recursão permite-nos ilustrar esta ideia com exemplos mais interessantes.

Hoje em dia, quando os seres humanos escrevem numerais fazem-no usando a notação *decimal* (0, 1, 2, 3, 4, 5, 6, 7, 8, 9, 10, 11, 12, e assim por diante), mas existem muitas outras notações. Por exemplo, dado que são construídos à custa de circuitos digitais, os computadores usam tipicamente a notação *binária* para representar os numerais (0, 1, 10, 11, 100, 101, 110, 111, 1000, e assim por diante), uma vez que o 0 pode ser implementado através de um interruptor desligado e o 1 através de um interruptor ligado. Outras culturas usam sistemas diferentes. Por exemplo, os antigos babilónios usavam um sistema de base 60, enquanto os antigos romanos usavam um sistema *ad-hoc* (I, II, III, IV, V, VI, VII, VIII, IX, X). Este último exemplo ilustra a importância das notações. Se o leitor não está convencido, tente desenvolver um algoritmo sistemático para a divisão em numeração romana. Irá descobrir que é uma tarefa frustrante. Aparentemente, entre os romanos existia um grupo de profissionais (semelhantes aos atuais contabilistas) especializados nesta tarefa.

Apresentamos de seguida uma outra forma de escrever numerais, a qual é por vezes usada em lógica matemática. Utiliza apenas quatro símbolos: 0, *suc*, e os parênteses esquerdo e direito. Este estilo de numeral é definido através da seguinte definição indutiva:

1. 0 é numeral.

2. Se X é numeral, então *suc(X)* também é.

Naturalmente que *suc* deve ser entendido como abreviatura de *sucessor*. Isto é, *suc(X)* representa o número que se obtém adicionando um ao número representado por X. Esta é uma notação muito simples: diz apenas que 0 é numeral, e que todos os outros numerais são obtidos inserindo símbolos *suc*. (De facto, é usada em lógica matemática devido à sua simplicidade. Apesar de não ser a notação mais agradável para fazer a contabilidade doméstica, é uma notação com a qual é fácil demonstrar propriedades *acerca* dela própria.)

Deve ser claro como transformar esta definição num programa Prolog, como ilustra a seguinte base de conhecimento:

```
numeral(0).

numeral(suc(X)) :- numeral(X).
```

Assim, avaliando

```
numeral(suc(suc(suc(0)))).
```

obtemos yes como resposta.

Mas é possível fazer coisas mais interessantes. Considere-se o que acontece quando se avalia:

```
numeral(X).
```

Isto é, estamos a afirmar "Mostra-me alguns numerais". Podemos então ter a seguinte interação com o Prolog:

```
X = 0 ;

X = suc(0) ;

X = suc(suc(0)) ;

X = suc(suc(suc(0))) ;

X = suc(suc(suc(suc(0)))) ;

X = suc(suc(suc(suc(suc(0))))) ;

X = suc(suc(suc(suc(suc(suc(0)))))) ;

X = suc(suc(suc(suc(suc(suc(suc(0))))))) ;

X = suc(suc(suc(suc(suc(suc(suc(suc(0))))))))
yes
```

O Prolog está de facto a contar. Mas o que é realmente importante é *como* o faz. O Prolog retrocede pela definição recursiva e vai de facto *construindo* numerais através da unificação. Este é um exemplo instrutivo, e é importante

3.1. DEFINIÇÕES RECURSIVAS

que o leitor o compreenda bem. A melhor maneira de o fazer é fazer esta avaliação com o predicado `trace` ativo.

Construção e instanciação. Recursão, unificação e pesquisa de demonstrações. Estas são algumas das ideias fulcrais da programação em Prolog. Sempre que seja necessário gerar ou analisar objetos com estrutura (tais como estes numerais) a interação entre estes conceitos fazem do Prolog uma ferramenta poderosa. Por exemplo, no próximo capítulo vamos apresentar listas, uma estrutura de dados recursiva de grande importância, e veremos que o Prolog é uma linguagem que processa listas de forma fácil e natural. Muitas aplicações (a linguística computacional é um desses exemplos) fazem um uso intensivo de objetos com estruturas recursivas, tais como árvores. Não é assim surpreendente que o Prolog se tenha revelado de grande utilidade no âmbito dessas aplicações.

Exemplo 4: Adição

Como último exemplo, vejamos se conseguimos usar a representação dos numerais apresentada no exemplo anterior para definir operações aritméticas elementares. Tentemos definir a operação adição. Isto é, pretendemos definir um predicado `adicao/3` que dados dois numerais como primeiro e segundo argumentos devolve no terceiro argumento o resultado de os adicionar. Por exemplo:

```
?- adicao(suc(suc(0)),suc(suc(0)),
         suc(suc(suc(suc(0))))).
yes
?- adicao(suc(suc(0)),suc(0),Y).
Y = suc(suc(suc(0)))
```

Importa referir dois pontos importantes:

1. Sempre que o primeiro argumento é 0, o terceiro argumento tem de ser igual ao segundo argumento:

    ```
    ?- adicao(0,suc(suc(0)),Y).
    Y = suc(suc(0))
    ?- adicao(0,0,Y).
    Y = 0
    ```

    Isto é o que pretendemos usar como cláusula base.

2. Suponha-se que pretendemos adicionar dois numerais X e Y (por exemplo `suc(suc(suc(0)))` e `suc(suc(0))`) e que X não é 0. Se X1 for o numeral que tem um functor `suc` a menos que X (isto é, `suc(suc(0))` no nosso

exemplo) e se soubermos o resultado – chamemos-lhe Z – de adicionar X1 e Y (isto é, `suc(suc(suc(suc(0))))`), então é muito fácil calcular o resultado de adicionar X e Y: há apenas que acrescentar um functor `suc` a Z. Isto é o que pretendemos exprimir com a cláusula recursiva.

A definição seguinte expressa exatamente o que acabámos de referir:

```
adicao(0,Y,Y).
adicao(suc(X),Y,suc(Z)) :-
     adicao(X,Y,Z).
```

O que acontecerá agora se mandarmos avaliar

```
?- adicao(suc(suc(suc(0))), suc(suc(0)), R).
```

Vejamos passo a passo como o Prolog processa este objetivo. O traço e a árvore de pesquisa correspondentes são apresentados abaixo.

O primeiro argumento não é 0, o que significa que apenas podemos usar a segunda cláusula de `adicao/3`. Isto conduz a uma chamada recursiva de `adicao/3`. O functor `suc` mais exterior é eliminado do primeiro argumento do objetivo original, e o termo resultante passa a ser o primeiro argumento da chamada recursiva. O segundo argumento passa inalterado para a chamada recursiva, e o terceiro argumento da chamada recursiva é uma variável, a variável interna `_G648` no traço abaixo apresentado. Note-se que `_G648` ainda não foi instanciada. Contudo, partilha valores com R (a variável que usámos como terceiro argumento no objetivo original) uma vez que R foi instanciada com `suc(_G648)` quando o objetivo foi unificado com a cabeça da segunda cláusula. Mas isto significa que R não está completamente não instanciada. É agora um termo complexo que tem uma variável (não instanciada) como argumento.

Os dois passos seguintes são essencialmente a mesma coisa. Em cada passo, o primeiro argumento tem menos uma ocorrência do functor `suc`; tanto o traço como a árvore de pesquisa apresentados abaixo ilustram esta situação. Em simultâneo, em cada passo é acrescentado a R um functor `suc`, mas deixando a variável mais interior por instanciar. Após a primeira chamada recursiva R é `suc(_G648)`. Após a segunda chamada recursiva, `_G648` é instanciada com `suc(_G650)`, pelo que R é `suc(suc(_G650))`. Após a terceira chamada recursiva, `_G650` é instanciada com `suc(_G652)` e portanto R passa a ser `suc(suc(suc(_G652)))`. A árvore de pesquisa ilustra esta instanciação passo a passo.

Neste momento todos os functores `suc` foram eliminados do primeiro argumento, e pode aplicar-se a cláusula base. O terceiro argumento é igualado ao segundo argumento, e consequentemente o "buraco" (a variável não instanciada) no termo complexo R é finalmente preenchido.

Eis o traço completo da avaliação:

3.1. DEFINIÇÕES RECURSIVAS

```
Call: (6) adicao(suc(suc(suc(0))), suc(suc(0)), R)

Call: (7) adicao(suc(suc(0)), suc(suc(0)), _G648)

Call: (8) adicao(suc(0), suc(suc(0)), _G650)

Call: (9) adicao(0, suc(suc(0)), _G652)

Exit: (9) adicao(0, suc(suc(0)), suc(suc(0)))

Exit: (8) adicao(suc(0), suc(suc(0)), suc(suc(suc(0))))

Exit: (7) adicao(suc(suc(0)), suc(suc(0)),
                              suc(suc(suc(suc(0)))))

Exit: (6) adicao(suc(suc(suc(0))), suc(suc(0)),
                              suc(suc(suc(suc(suc(0))))))
```

Segue-se a árvore de pesquisa:

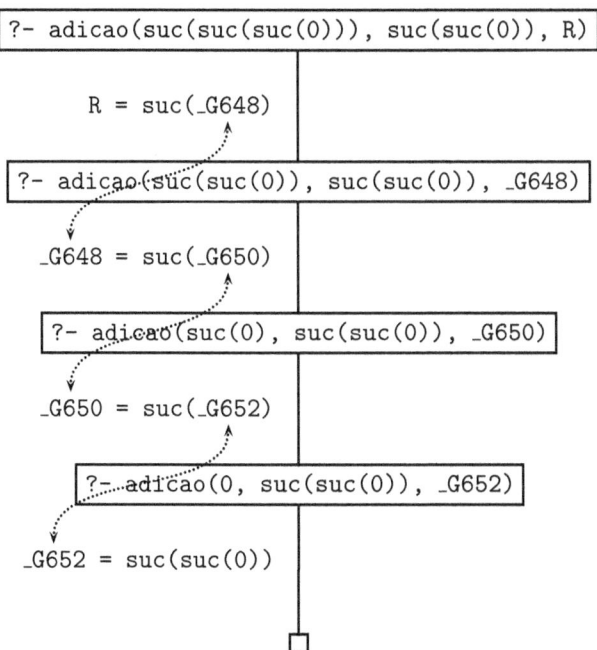

3.2 Ordenação das regras e objetivos, e terminação

O Prolog foi a primeira tentativa razoavelmente bem sucedida de criar uma linguagem de programação em lógica. Subjacente à programação em lógica encontra-se uma visão simples (e sedutora): a tarefa do programador é apenas *descrever* problemas. O programador deve escrever (na linguagem da lógica) uma especificação declarativa (ou seja, uma base de conhecimento) que descreva a situação em causa. O programador não deve ter de dizer ao computador *o que* fazer. Para obter informação, ele ou ela apenas têm de fazer as perguntas. Compete ao sistema de programação em lógica descobrir como obter a resposta.

Com efeito, esta é a ideia, e deve ser referido que o Prolog deu alguns passos importantes nesta direção. Contudo, o Prolog *não* é, repetimos *não* é, uma linguagem pura de programação em lógica. Se considerar apenas o significado declarativo de um programa Prolog, o leitor irá enfrentar algumas dificuldades. Como vimos no capítulo anterior, o Prolog tem um modo muito próprio de encontrar as respostas para os objetivos: pesquisa a base de conhecimento de cima para baixo, as cláusulas da esquerda para a direita, e usa o retrocesso para recuperar de más escolhas. Estes aspetos procedimentais têm uma grande influência no que acontece quando se avalia um objetivo. Já analisámos um exemplo dramático de desajustamento entre o significado procedimental e o significado declarativo de uma base de conhecimento (recorde-se o programa p:- p), e, como vamos ver agora, é fácil definir bases de conhecimento que (do ponto de vista lógico) descrevem a mesma situação, mas que se comportam de modo muito diferente.

Recorde-se o programa apresentado anteriormente relativo à relação descendente (designemo-lo por `descendente1.pl`):

```
filho(anne,bridget).
filho(bridget,caroline).
filho(caroline,donna).
filho(donna,emily).

descendente(X,Y) :- filho(X,Y).

descendente(X,Y) :- filho(X,Z),
                    descendente(Z,Y).
```

Vamos fazer-lhe uma alteração, de que resulta o programa `descendente2.pl`:

```
filho(anne,bridget).
filho(bridget,caroline).
filho(caroline,donna).
```

3.2. ORDENAÇÃO DAS REGRAS E OBJETIVOS, E TERMINAÇÃO

```
filho(donna,emily).

descendente(X,Y) :- filho(X,Z),
                    descendente(Z,Y).

descendente(X,Y) :- filho(X,Y).
```

A única alteração foi uma mudança na ordem das regras. Vendo o programa meramente como uma definição lógica, nada mudou. Mas será que esta alteração origina diferenças do ponto de vista procedimental? A resposta é afirmativa, mas nada de significativo. Por exemplo, se mandarmos avaliar os objetivos referidos anteriormente, constatamos que a primeira solução encontrada por `descendente1.pl` é

```
X = anne
Y = bridget
```

enquanto que primeira solução encontrada por `descendente2.pl` é

```
X = anne
Y = emily
```

Mas ambos os programas geram exatamente as mesmas respostas (confirme), apenas as encontram por ordem diferente. Esta é uma afirmação genérica. Em geral, modificar a ordem das regras num programa Prolog não altera o comportamento do programa, a menos da ordem pela qual as soluções são encontradas (embora em alguns casos seja necessário algum cuidado, como veremos adiante).

Fazemos agora uma pequena alteração em `descendente2.pl`, designando o resultado por `descendente3.pl`:

```
filho(anne,bridget).
filho(bridget,caroline).
filho(caroline,donna).
filho(donna,emily).

descendente(X,Y) :- descendente(Z,Y),
                    filho(X,Z).

descendente(X,Y) :- filho(X,Y).
```

Observe-se a diferença. Neste caso alterámos a ordem dos subobjetivos no *corpo* de uma regra, e não a ordem das regras. Uma vez mais, vendo o programa meramente como uma definição lógica, nada mudou; tem o mesmo significado que as duas versões anteriores. Mas neste caso o comportamento do programa vai ter grandes alterações. Por exemplo, se mandarmos avaliar

```
descendente(anne,emily).
```

obteremos uma mensagem de erro ("out of local stack", ou algo semelhante). O Prolog está em ciclo infinito. Porquê? O Prolog usa a primeira regra para satisfazer o objetivo `descendente(anne,emily)`. Isto significa que em seguida terá de satisfazer o objetivo

```
descendente(W1,emily)
```

para alguma variável W1. Mas para satisfazer este novo objetivo o Prolog tem de usar de novo a primeira regra, e isto significa que o próximo objetivo vai ser

```
descendente(W2,emily)
```

para alguma variável W2. Naturalmente, isto significa que o próximo objetivo vai ser `descendente(W3,emily)` e a seguir `descendente(W4,emily)`, e assim por diante. Deste modo, a alteração (aparentemente inócua) na ordem dos subobjetivos teve como resultado um desastre do ponto de vista procedimental. Usando a terminologia usual, isto é um exemplo clássico de uma regra recursiva à esquerda, isto é, uma regra em cujo corpo o subobjetivo mais à esquerda coincide (a menos da escolha de variáveis) com a cabeça da regra. Tal como o exemplo ilustra, tais regras dão origem a computações que não terminam. A ordem dos subobjetivos, e em particular a recursão à esquerda, são a raiz de todos os males no que diz respeito à não terminação.

Como referimos anteriormente, é preciso ter algum cuidado com a ordenação das regras. Referimos que a ordenação das regras apenas altera a ordem pela qual as soluções são encontradas. No entanto, tal pode não ser verdade quando se trata de programas que não terminam. Para ilustrar esta afirmação, consideremos a quarta (e última) variante do nosso programa, designada por `descendente4.pl`:

```
filho(anne,bridget).
filho(bridget,caroline).
filho(caroline,donna).
filho(donna,emily).

descendente(X,Y) :- filho(X,Y).

descendente(X,Y) :- descendente(Z,Y),
                    filho(X,Z).
```

Este programa resulta de `descendente3.pl` invertendo a ordem das regras. Uma vez mais, o significado declarativo deste programa é o mesmo que o das outras variantes, mas do ponto de vista procedimental é diferente dos outros. Em primeiro lugar, é óbvio que é procedimentalmente diferente quer de

3.2. ORDENAÇÃO DAS REGRAS E OBJETIVOS, E TERMINAÇÃO

`descendente1.pl` quer de `descendente2.pl`. Em particular, dado que inclui uma regra recursiva à esquerda, este novo programa não vai terminar em algumas situações. Por exemplo, este novo programa (tal como `descendente3.pl`) não termina para o objetivo

`descendente(anne,emily).`

Mas `descendente4.pl` e `descendente3.pl` não são idênticos do ponto de vista procedimetal. A inversão na ordem das regras tem efetivamente consequências. Por exemplo, `descendente3.pl` não termina ao avaliar o objetivo

`descendente(anne,bridget).`

No entanto, neste caso, `descendente4.pl` termina, uma vez que a inversão na ordenação das regras permite-lhe aplicar a regra não recursiva e terminar. Assim, no que respeita a programas que não terminam, alterações na ordenação das regras pode conduzir a que sejam encontradas algumas soluções adicionais. Contudo, é a ordenação dos subobjetivos, e não a ordenação das regras, que tem verdadeiro significado procedimental. Para garantir terminação, é necessário estar atento à ordem dos subobjetivos no corpo das regras. Modificar a ordenação das regras não está na origem dos problemas de terminação — quando muito pode dar origem a soluções adicionais.

Resumindo, as nossas quatro variantes do programa são bases de conhecimento Prolog que descrevem exatamente a mesma situação, mas que se comportam de modo diferente. A diferença de comportamento entre `descendente1.pl` e `descendente2.pl` (que apenas diferem na ordem das regras) é relativamente pequena: geram as mesmas soluções, mas por ordem diferente. Mas `descendente3.pl` e `descendente4.pl` são procedimentalmente muito diferentes dos outros, e isto é devido ao modo como os subobjetivos estão ordenados. Em particular, ambas as variantes incluem regras recursivas à esquerda, e em ambos os casos tal conduz à existência de avaliações que não terminam. A alteração na ordenação das regras entre `descendente3.pl` e `descendente4.pl` significa apenas que existem casos em que `descendente4.pl` termina e `descendente3.pl` não termina.

Quais as consequências desta discussão no que respeita à construção de programas Prolog que funcionem? É talvez melhor fazer as seguintes observações. Frequentemente, podemos ficar com a ideia geral de como escrever o programa quando pensamos declarativamente, isto é, quando pensamos na descrição rigorosa do problema. Esta é uma excelente maneira de abordar os problemas, e a que mais fielmente segue o espírito da programação em lógica. Mas, de seguida, é necessário pensar em como é que o Prolog vai trabalhar com as bases de conhecimento que escrevemos. Em particular, para garantir terminação, há que verificar se a ordenação escolhida para os subobjetivos é sensata. A regra básica é que o subobjetivo mais à esquerda nunca seja idêntico à cabeça da regra (a menos de nomes de variáveis). Em vez disso, deve escrever-se estes subobjetivos (que dão a origem a chamadas recursivas) o mais à direita possível no corpo da regra. Ou seja, devem ser escritos a seguir aos subobjetivos que testam as diferentes condições de paragem (não recursivas). Ao proceder deste modo, estamos a dar ao Prolog a hipótese de processar as nossas definições recursivas de modo encontrar soluções.

3.3 Exercícios

Exercício 3.1 Discutimos o seguinte predicado no texto:

```
descendente(X,Y) :- filho(X,Y).
descendente(X,Y) :- filho(X,Z),
                    descendente(Z,Y).
```

Suponha-se que se reformulava este predicado como se segue:

```
descendente(X,Y) :- filho(X,Y).
descendente(X,Y) :- descendente(X,Z),
                    descendente(Z,Y).
```

Será que esta reformulação apresenta problemas?

Exercício 3.2 O leitor conhece aquelas bonecas russas de madeira (as bonecas Matryoshka) em que as mais pequenas estão dentro das maiores? Aqui está uma ilustração:

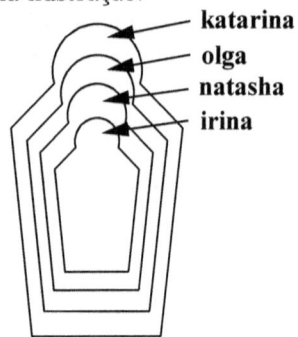

Comece por definir uma base de conhecimento que inclua um predicado que codifica que bonecas estão diretamente dentro de outras bonecas, o predicado `imediatamente_dentro/2`. De seguida, defina um predicado recursivo `dentro/2`, que indica que bonecas estão contidas (direta ou indiretamente) noutras bonecas. Por exemplo, o resultado de avaliar `dentro(katarina,natasha)` deve ser `true`, enquanto a avaliação de `dentro(olga, katarina)` deve falhar.

3.3. EXERCÍCIOS

Exercício 3.3 Considere-se a seguinte base de conhecimento:

```
comboio_direto(saarbruecken,dudweiler).
comboio_direto(forbach,saarbruecken).
comboio_direto(freyming,forbach).
comboio_direto(stAvold,freyming).
comboio_direto(fahlquemont,stAvold).
comboio_direto(metz,fahlquemont).
comboio_direto(nancy,metz).
```

Esta base de conhecimento contém factos acerca de cidades entre as quais é possível viajar apanhando um comboio *direto*. Como é evidente, podemos viajar combinando percursos em comboios diretos. Escreva um predicado recursivo `viajar_de_para/2` que indique quando é que é possível viajar de comboio entre duas cidades. Por exemplo, ao avaliar

```
viajar_de_para(nancy,saarbruecken).
```

a resposta deve ser yes.

Exercício 3.4 Defina um predicado `maior_que/2` que dados como argumentos dois numerais na notação apresentada no texto (isto é, 0, suc(0), suc(suc(0)), e assim por diante) decide se o primeiro é maior que o segundo. Por exemplo,

```
?- maior_que(suc(suc(suc(0))),suc(0)).
yes
?- maior_que(suc(suc(0)),suc(suc(suc(0)))).
no
```

Exercício 3.5 Uma árvore binária é uma árvore em que todos os nós interiores têm exatamente dois filhos. A árvore binária mais simples é constituída por um único nó folha. Representamos os nós folha por `folha(Etiqueta)`. Por exemplo, `folha(3)` e `folha(7)` são nós folha, e consequentemente árvores binárias simples. Dadas duas árvores binárias, B1 e B2, podemos combiná-las numa árvore binária usando o functor `arvore/2` como se segue: `arvore(B1,B2)`. Assim, dadas as folhas `folha(1)` e `folha(2)` podemos construir a árvore binária `arvore(folha(1),folha(2))`. E podemos construir a árvore binária `arvore(arvore(folha(1), folha(2)),folha(4))` a partir da árvore binária `arvore(folha(1),folha(2))` e da árvore binária `folha(4)`.

Defina um predicado `troca/2`, que constrói a imagem simétrica da árvore binária no primeiro argumento. Por exemplo,

```
?- troca(arvore(arvore(folha(1), folha(2)), folha(4)),T).
T = arvore(folha(4), arvore(folha(2), folha(1))).
yes
```

3.4 Sessão prática

Neste momento o leitor já deve estar mais habituado com a escrita e avaliação de programas básicos em Prolog. Nesta sessão prática sugerimos em primeiro lugar duas séries de exercícios que ajudarão o leitor a familiarizar-se com definições recursivas em Prolog. De seguida, sugerem-se alguns problemas de programação.

Dado o carácter tão fundamental da programação recursiva em Prolog, é importante que o leitor tenha uma noção clara do que está envolvido. Em particular, é importante que compreenda o processo de instanciação quando se usam definições recursivas, e que compreenda bem a razão pela qual a ordem dos subobjetivos das regras pode fazer a diferença entre um programa terminar e não terminar.

1. Carregue a base de conhecimento `descendente1.pl`, ative `trace`, e avalie `descendente(anne,emily)`. Conte o número de passos necessários para o Prolog obter a resposta (isto é, quantas vezes tem de pressionar a tecla *return*). De seguida, desative `trace` e avalie `descendente(X,Y)`. Quantas respostas obtém?

2. Carregue a base de conhecimento `descendente2.pl`. Esta é a variante de `descendente1.pl` com as regras por ordem inversa. Repita o exercício anterior e compare os resultados.

3. Carregue a base de conhecimento `descendente3.pl`. Esta é a variante de `descendente2.pl` na qual a ordem dos subobjetivos da regra recursiva está trocada, de que resulta uma regra recursiva à esquerda. Por esta razão, mesmo objetivos simples como `descendente(anne,bridget)` fazem com que o Prolog não termine. Confirme avaliando passo a passo um exemplo, usando `trace`.

4. Carregue a base de conhecimento `descendente4.pl`. Esta é a variante de `descendente3.pl` com as regras por ordem inversa. Neste caso, `descendente4.pl` também contém uma regra recursiva à esquerda, pelo que nem sempre termina. No entanto, termina em alguns dos casos para os quais `descendente3.pl` não termina. Que soluções adicionais são encontradas?

Como referimos, é a ordem dos subobjetivos, e não a ordem das regras, que é relevante do ponto de vista procedimental. No entanto, no caso de programas que possam não terminar, uma alteração à ordem das regras pode ter efeitos inesperados. Recorde-se o programa do Exemplo 3 (designemo-lo por `numeral1.pl`):

3.4. SESSÃO PRÁTICA

```
numeral(0).
numeral(suc(X)) :- numeral(X).
```

Seja `numeral2.pl` o programa obtido do anterior trocando a ordem das regras:

```
numeral(suc(X)) :- numeral(X).
numeral(0).
```

Naturalmente que o significado declarativo, ou lógico, dos dois programas é o mesmo. Quais são as diferenças do ponto de vista procedimental, caso existam?

1. Crie um ficheiro contendo `numeral2.pl`, carregue-o, e verifique o que acontece quando se avaliam objetivos acerca de numerais *específicos*. Por exemplo, suponha-se que se avalia

    ```
    numeral(suc(suc(suc(0)))).
    ```

    Será que `numeral1.pl` e `numeral2.pl` têm o mesmo comportamento?

2. De seguida, verifique o que acontece quando se tentam *gerar* numerais, isto é, avalie

    ```
    numeral(X).
    ```

    Será que os programas apresentam o mesmo comportamento?

Seguem-se alguns programas para o leitor estudar.

1. Suponha que a base de conhecimento seguinte descreve um labirinto. Os factos indicam quais os pontos que estão ligados, isto é, a partir de que pontos se pode chegar a outros pontos num passo. Suponha ainda que todos caminhos têm um único sentido. Assim, podemos ir do ponto 1 ao ponto 2, mas não o contrário.

    ```
    ligado(1,2).
    ligado(3,4).
    ligado(5,6).
    ligado(7,8).
    ligado(9,10).
    ligado(12,13).
    ligado(13,14).
    ligado(15,16).
    ligado(17,18).
    ligado(19,20).
    ligado(4,1).
    ligado(6,3).
    ```

```
ligado(4,7).
ligado(6,11).
ligado(14,9).
ligado(11,15).
ligado(16,12).
ligado(14,17).
ligado(16,19).
```

Escreva um predicado `caminho/2` que determine a que pontos do labirinto se pode chegar a partir de outros pontos, encadeando ligações presentes na base de conhecimento anterior. Será que se pode ir do ponto 5 ao ponto 10? A que outro ponto se pode chegar a partir do ponto 1? Quais os pontos acessíveis a partir do ponto 13?

2. Considere-se a seguinte base de conhecimento com informação sobre viagens.

```
deCarro(auckland,hamilton).
deCarro(hamilton,raglan).
deCarro(valmont,saarbruecken).
deCarro(valmont,metz).

deComboio(metz,frankfurt).
deComboio(saarbruecken,frankfurt).
deComboio(metz,paris).
deComboio(saarbruecken,paris).

deAviao(frankfurt,bangkok).
deAviao(frankfurt,singapore).
deAviao(paris,losAngeles).
deAviao(bangkok,auckland).
deAviao(singapore,auckland).
deAviao(losAngeles,auckland).
```

Escreva um predicado `viajar/2` que determine se é possível viajar de um local para outro encadeando percursos de carro, de comboio e de avião. Por exemplo, o programa deve responder `yes` quando se avalia o objetivo `viajar(valmont,raglan)`.

3. Quando se usa `viajar/2` para consultar a base de conhecimento anterior, verifica-se que se pode viajar de Valmont para Raglan. Se se estiver a planear essa viagem, já é útil ter esta informação, mas seria mais interessante ter informação detalhada acerca do percurso de Valmont para

3.4. SESSÃO PRÁTICA

Raglan. Escreva um predicado `viajar/3` que indica qual o percurso de um local para outro. Por exemplo, o programa deve responder

```
X = ir(valmont,metz,
       ir(metz,paris,
          ir(paris,losAngeles)))
```

quando se avalia o objetivo `viajar(valmont,losAngeles,X)`.

4. Modifique o predicado `viajar/3` de modo a que nos indique não só o percurso de um local para outro, mas também *quais* os meios de transporte, isto é, este novo programa deve indicar-nos, em cada fase da viagem, se devemos viajar de carro, de comboio ou de avião.

Capítulo 4

Listas

> Este capítulo tem três objetivos principais:
>
> 1. Estudar o conceito de lista, uma importante estrutura de dados recursiva usada frequentemente na programação em Prolog.
>
> 2. Definir o predicado member/2, uma ferramenta fundamental do Prolog para manipular listas
>
> 3. Estudar a noção de recursão em listas.

4.1 Listas

Tal como o nome sugere, uma lista é meramente uma lista de itens, no sentido usual do termo. Mais precisamente, é uma sequência finita de elementos. Seguem-se alguns exemplos de listas em Prolog:

[mia, vincent, jules, yolanda]

[mia, ladrao(honey_bunny), X, 2, mia]

[]

[mia, [vincent, jules], [butch, namorada(butch)]]

[[], morto(z), [2, [b, c]], [], Z, [2, [b, c]]]

Estes exemplos ilustram alguns aspetos importantes.

1. Em Prolog, podemos especificar listas escrevendo os seus elementos entre parênteses (ou seja, os símbolos [e]). Os elementos são separados por vírgulas. Por exemplo, a primeira lista apresentada acima, [mia, vincent, jules, yolanda], é uma lista com quatro elementos, designadamente mia, vincent, jules, e yolanda. O comprimento de uma lista é o número de elementos que a compõem, pelo que o primeiro exemplo é uma lista com comprimento quatro.

2. A partir da lista [mia,ladrao(honey_bunny),X,2,mia] ficamos a saber que qualquer objeto Prolog pode ser elemento de uma lista. O primeiro elemento desta lista é mia, que é um átomo; o segundo elemento é ladrao(honey_bunny), que é um termo complexo; o terceiro elemento é X, que é uma variável; o quarto elemento é 2, que é um número. Ficamos também a saber que o mesmo item pode ocorrer mais de uma vez na mesma lista: por exemplo, o quinto elemento desta lista é mia, que coincide com o primeiro elemento.

3. O terceiro exemplo ilustra a existência de uma lista especial, a lista vazia. A lista vazia (tal como o seu nome sugere) é a lista que não contém quaisquer elementos. Qual é o comprimento da lista vazia? Zero, claro (uma vez que o comprimento de uma lista é o número de elementos que a compõem, e a lista vazia não tem elementos).

4. O quarto exemplo ilustra algo de extrema importância: as listas podem incluir outras listas como seus elementos. Por exemplo, o segundo elemento de

4.1. LISTAS

[mia, [vincent, jules], [butch,namorada(butch)]]

é [vincent,jules]. O terceiro é [butch,namorada(butch)]. Qual é o comprimento da quarta lista? A resposta é: três. Se o leitor pensou que a resposta era cinco (ou qualquer outro valor), então não está a olhar para as listas da forma correta. Os elementos da lista são os itens separados por vírgulas que estão entre os parênteses retos mais exteriores. Assim, esta lista contém *três* elementos: o primeiro elemento é mia, o segundo elemento é [vincent, jules], e o terceiro elemento é [butch, namorada(butch)].

5. O último exemplo junta todas estas ideias. Neste caso temos uma lista que contém a lista vazia (que ocorre duas vezes), o termo complexo morto(z), duas cópias da lista [2, [b, c]], e a variável Z. Observe-se que o terceiro e o último elementos são listas que, por sua vez, contêm listas (designadamente [b, c]).

É importante notar que uma lista não vazia pode ser vista como sendo constituída por duas partes: a cabeça e a cauda. A cabeça é simplesmente o primeiro item da lista; a cauda é tudo o resto. De uma forma mais precisa, a cauda é a lista que sobra quando se remove o primeiro elemento; assim, *a cauda de uma lista é sempre uma lista*. Por exemplo, a cabeça de

[mia, vincent, jules, yolanda]

é mia e a cauda é [vincent, jules, yolanda]. Analogamente, a cabeça de

[[], morto(z), [2, [b, c]], [], Z, [2, [b, c]]]

é [], e a cauda é [morto(z), [2,[b,c]],[],Z,[2,[b,c]]]. E qual é a cabeça e qual é a cauda da lista [morto(z)]? A cabeça é o primeiro elemento da lista, que neste caso é morto(z), e a cauda é a lista que sobra quando se remove a cabeça, que, neste caso, é a lista vazia [].

E o que dizer acerca da lista vazia? Não tem nem cabeça, nem cauda. Isto é, a lista vazia não tem estrutura interna; para o Prolog, [] é uma lista especial, muito simples. Como veremos, quando começarmos a escrever programas que manipulem listas recursivamente, este facto irá desempenhar um papel importante.

O Prolog dispõe de um operador especial pré-definido | que pode ser usado para decompor uma lista em cabeça e cauda. É importante aprender a usar |, uma vez que é uma ferramenta fundamental para escrever programas Prolog que manipulem listas.

A utilização mais óbvia de | é a extração de informação a partir das listas. Para tal usa-se | juntamente com unificação. Por exemplo, para obter a cabeça e a cauda de [mia,vincent, jules,yolanda] podemos avaliar o objetivo

```
?- [Cabeca|Cauda] = [mia, vincent, jules, yolanda].

Cabeca = mia
Cauda = [vincent,jules,yolanda]
yes
```

Assim, `Cabeca` é instanciada com a cabeça da lista e `Cauda` é instanciada com a cauda da lista. Observe-se que nada há de especial acerca de `Cabeca` e `Cauda`, são apenas variáveis. Podíamos também ter avaliado o objetivo

```
?- [X|Y] = [mia, vincent, jules, yolanda].

X = mia
Y = [vincent,jules,yolanda]
yes
```

Como referimos, apenas as listas não vazias têm cabeças e caudas. Se tentarmos usar | para decompor [], o Prolog falha:

```
?- [X|Y] = [].

no
```

Isto é, o Prolog trata [] como uma lista especial. Esta observação é extremamente importante. Ver-se-á porquê mais adiante.

Vejamos mais alguns exemplos. Podemos extrair a cabeça e a cauda da seguinte lista, tal como acima:

```
?- [X|Y] = [[], morto(z), [2, [b, c]], [], Z].

X = []
Y = [morto(z),[2,[b,c]],[],_7800]
Z = _7800
yes
```

Isto é: `X` é instanciada com a cabeça da lista e `Y` é instanciada com a cauda. (Ficamos também a saber que o Prolog instanciou `Z` com a variável interna _7800.)

Muito mais pode ser feito com |; é de facto uma ferramenta muito versátil. Por exemplo, suponhamos que queremos saber quais são os *dois* primeiros elementos da lista, bem como o que resta da lista após o segundo elemento. Podemos avaliar o objetivo seguinte:

4.1. LISTAS

```
?- [X,Y | W] = [[], morto(z), [2, [b, c]], [], Z].

X = []
Y = morto(z)
W = [[2,[b,c]],[],_8327]
Z = _8327
yes
```

Assim, X fica instanciada com a cabeça da lista, Y fica instanciada com o segundo elemento, e W fica instanciada com o resto da lista após o segundo elemento (isto é, W é a lista que sobra quando se removem os dois primeiros elementos). Assim, | pode não só ser usado para decompor uma lista em cabeça e cauda, mas também pode ser usado para separar uma lista em qualquer posição. À esquerda de | indica-se apenas quantos elementos se pretende retirar do início da lista, obtendo-se à direita de | o que resta da lista.

É uma boa ocasião para referir a variável anónima. Suponhamos que pretendemos obter o segundo e o quarto elementos da lista:

```
[[], morto(z), [2, [b, c]], [], Z].
```

Tal pode ser conseguido através de:

```
?- [X1,X2,X3,X4 | Cauda] =
            [[], morto(z), [2, [b, c]], [], Z].

X1 = []
X2 = morto(z)
X3 = [2,[b,c]]
X4 = []
Cauda = [_8910]
Z = _8910
yes
```

Obtivemos a informação pretendida: as variáveis X2 e X4 encontram-se instanciadas com os valores pretendidos. Mas obtivemos ainda muita informação adicional (nomeadamente os valores de X1, X3 e Cauda), a qual pode não nos interessar. Neste caso, não faz muito sentido usar explicitamente as variáveis X1, X3 e Cauda. Com efeito, existe uma forma mais simples de obter *apenas* a informação pretendida. Em alternativa, podemos avaliar

```
?- [_,X,_,Y|_] = [[], morto(z), [2, [b, c]], [], Z].

X = morto(z)
Y = []
```

```
Z = _9593
yes
```

O símbolo _ (isto é, *underscore*) é a variável anónima. Usamo-la quando precisamos de uma variável mas não estamos interessados no valor com que o Prolog a instancia. Como se pode ver no exemplo anterior, o Prolog não nos deu informação sobre qual o valor com que instanciou _. Note-se ainda que cada ocorrência de _ é *independente*: cada uma pode ser instanciada com um valor diferente. Naturalmente que tal não pode acontecer com uma variável normal. Mas não se pretende que a variável anónima seja uma variável normal. É apenas uma forma de dizer ao Prolog para instanciar algo numa certa posição, independentemente de outras instaciações.

Vejamos outro exemplo. O terceiro elemento da lista em causa é uma lista (a lista [2, [b, c]]). Suponha-se que pretendíamos extrair a cauda da lista na terceira posição, e que não estamos interessados em mais nenhuma informação. Como poderíamos fazê-lo? Da seguinte forma:

```
?- [_,_,[_|X]|_] =
      [[], morto(z), [2, [b, c]], [], Z, [2, [b, c]]].

X = [[b,c]]
Z = _10087
yes
```

4.2 Membro

Vejamos um primeiro exemplo de um programa recursivo em Prolog para manipular listas. Uma das operações mais básicas é a de saber se algo é membro de uma lista ou não. Escrevamos um programa que, dado um objeto arbitrário X e uma lista L, nos diz se X pertence ou não a L. Tal programa designa-se usualmente por member[1], e é um dos exemplos mais simples de programa Prolog que explora a estrutura recursiva das listas:

```
member(X,[X|T]).
member(X,[H|T]) :- member(X,T).
```

Este programa é constituído por um facto (o facto member(X,[X|T])) e por uma regra (a regra member(X,[H|T]) :- member(X,T)). Observe-se que a regra é uma regra recursiva, uma vez que o functor member ocorre tanto na cabeça da regra como no corpo, e é isto que explica o facto de este pequeno programa ser tudo o que é necessário. Examinemo-lo em detalhe.

---
[1]NdT: optou-se por manter a designação inglesa member.

4.2. MEMBRO

Comecemos por analisar este programa do ponto de vista declarativo. A primeira cláusula (o facto) afirma: um objeto X é membro de uma lista se é a cabeça dessa lista. Note-se o recurso ao operador pré-definido | para afirmar este princípio (simples mas importante) acerca das listas.

E o que dizer da segunda cláusula, a regra recursiva? Esta afirma: um objeto X é membro de uma lista se é membro da cauda da lista. Observe-se novamente o recurso ao operador | para afirmar este princípio.

É óbvio que esta definição faz sentido do ponto de vista declarativo. Mas será que este programa *faz* o que é suposto fazer? Isto é, será que nos diz se um objeto X pertence a uma lista L? E, em caso afirmativo, como o faz? Para responder a estas perguntas, temos que analisar o programa do ponto de vista procedimental. Vejamos alguns exemplos.

Consideremos o seguinte objetivo:

```
?- member(yolanda,[yolanda,trudy,vincent,jules]).
```

O Prolog responde yes. Porquê? Porque consegue unificar yolanda com as duas ocorrências de X na primeira cláusula (o facto) da definição de member/2.

Considere-se agora o seguinte objetivo:

```
?- member(vincent,[yolanda,trudy,vincent,jules]).
```

Neste caso, a primeira cláusula não é relevante (vincent e yolanda são átomos distintos), pelo que o Prolog vai usar a segunda cláusula, a regra recursiva. Obtém-se assim um novo objetivo: o Prolog tem de verificar se

```
member(vincent,[trudy,vincent,jules]).
```

Uma vez mais, a primeira cláusula não é relevante, e portanto o Prolog vai usar (de novo) a regra recursiva. Obtém-se um novo objetivo:

```
member(vincent,[vincent,jules]).
```

Agora a primeira cláusula já é relevante, e o Prolog responde yes.

Até ao momento tudo tem decorrido como esperado, mas falta ainda considerar uma questão importante. O que acontecerá se avaliarmos um objetivo que *falha*? Por exemplo, o que acontecerá se avaliarmos

```
member(zed,[yolanda,trudy,vincent,jules]).
```

Este objetivo deverá falhar (pois zed não é um elemento da lista). Como é que o Prolog trata esta situação? Em particular, como podemos ter a certeza de que o Prolog *para* e responde no, em vez de ficar num ciclo recursivo infinito?

Analisemos este caso com algum cuidado. Uma vez mais, a primeira cláusula não é relevante, e portanto o Prolog usa a regra recursiva, de que resulta um novo objetivo:

```
member(zed,[trudy,vincent,jules]).
```

A primeira cláusula volta a não ser relevante, pelo que o Prolog reutiliza a regra recursiva e tenta demonstrar

```
member(zed,[vincent,jules]).
```

Uma vez mais a primeira cláusula volta a não ser relevante, e portanto o Prolog reutiliza uma vez mais a segunda cláusula e tenta demonstrar

```
member(zed,[jules]).
```

Tal como anteriormente, a primeira cláusula não é relevante e da utilização da segunda cláusula resulta o objetivo

```
member(zed,[])
```

E é *aqui* que as coisas se tornam interessantes. Naturalmente que a primeira cláusula não pode ser usada nesta situação. Observe-se também que *a regra recursiva também não pode ser usada*. Porquê? É simples: a regra recursiva baseia-se na decomposição da lista em cabeça e cauda, mas, como vimos anteriormente, a lista vazia *não* pode ser decomposta deste modo. Assim, a regra recursiva também não pode ser aplicada, e o Prolog desiste de procurar outras soluções e responde **no**. Isto é, informa que **zed** não pertence à lista, tal como seria de esperar.

Podemos resumir o predicado **member/2** como se segue. É um predicado recursivo que pesquisa o item em causa ao longo da lista de forma sistemática. Fá-lo passo a passo, decompondo a lista em listas mais pequenas, e analisando o primeiro item de cada uma dessas listas mais pequenas. O mecanismo subjacente a esta pesquisa é a recursão, e a razão pela qual esta recursão é segura (isto é, a razão pela qual não prossegue indefinidamente) é que a dado momento o Prolog vai ter de analisar algo acerca da lista vazia. A lista vazia *não* pode ser decomposta em listas mais pequenas, e isto permite terminar a recursão.

Já analisámos a razão pela qual o predicado **member/2** funciona, mas, na verdade, este predicado é muito mais útil do que os exemplos anteriores possam sugerir. Temo-lo usado até agora apenas para responder a perguntas cuja resposta é sim ou não. Mas podemos também fazer perguntas que envolvam variáveis. Por exemplo, considere-se a seguinte interação com o Prolog:

```
member(X,[yolanda,trudy,vincent,jules]).

X = yolanda ;

X = trudy ;
```

```
X = vincent ;

X = jules ;

no
```

Isto é, o Prolog disse-nos quais são os elementos da lista. Esta é uma utilização muito comum do predicado member/2. Com efeito, ao usar a variável estamos a dizer ao Prolog: "Rápido! Dá-me um elemento da lista!". Em muitas aplicações é necessário saber extrair elementos de uma lista, e é deste modo que tal é usualmente feito.

Uma observação final: o modo como o predicado member/2 foi definido está de facto correto, mas de um certo ponto de vista é um pouco confuso.

Com efeito, a primeira cláusula está presente para tratar o caso da cabeça da lista. E, muito embora a cauda seja irrelevante para a primeira cláusula, designamo-la através da variável T. De igual modo, a regra recursiva está presente para tratar o caso da cauda da lista e, apesar da cabeça ser irrelevante neste caso, designamo-la através da variável H. Estes nomes para as variáveis podem gerar confusão: é preferível escrever predicados de modo a enfatizar o que é realmente importante em cada cláusula. A variável anónima permite-nos fazer exatamente isto. Assim, podemos reescrever member/2 como se segue:

```
member(X,[X|_]).
member(X,[_|T]) :- member(X,T).
```

Esta versão é equivalente à anterior, quer do ponto de vista declarativo, quer do ponto de vista procedimental. É talvez mais clara: quando a lemos somos levados a concentrarmo-nos no que é essencial.

4.3 Recursão em listas

O predicado member/2 baseia-se na recursão em listas, fazendo algo à cabeça, e fazendo recursivamente de seguida o mesmo à cauda. A recursão numa lista (ou mesmo em várias listas) é muito comum em Prolog: tão comum que é fundamental que o leitor domine esta técnica. Vejamos por isso outro exemplo.

Ao manipular listas, podemos querer comparar uma lista com outra, ou copiar partes de uma lista para outra, ou traduzir o conteúdo de uma lista para outra, ou qualquer outra operação similar. Vejamos um exemplo. Suponha-se que precisamos de um predicado a2b/2 que recebe como argumento duas listas, e o resultado da avaliação é yes se o primeiro argumento é uma lista de a's, e o segundo argumento é uma lista de b's com o mesmo comprimento. Por exemplo, se avaliarmos o objetivo

```
a2b([a,a,a,a],[b,b,b,b]).
```

pretende-se que o Prolog responda yes. Por sua vez, se avaliarmos o objetivo

```
a2b([a,a,a,a],[b,b,b]).
```

ou o objetivo

```
a2b([a,c,a,a],[b,b,5,4]).
```

pretende-se que o Prolog responda no.

Nestas situações, a melhor maneira de as resolver é frequentemente começar por resolver o caso mais simples. No caso das listas, o caso mais simples é o da lista vazia. Qual é a mais pequena lista de a's? É a lista vazia. Porquê? Porque não contém a's. E qual é a mais pequena lista de b's? É de novo a lista vazia: não tem nenhum b. Assim, a informação mais simples que a definição deve conter é

```
a2b([],[]).
```

Isto regista o facto óbvio de a lista vazia conter exatamente tantos a's como b's. Apesar de óbvio, este facto vai ter um papel importante no nosso programa, como veremos adiante.

Como prosseguir? Eis uma ideia: para listas maiores há que *pensar recursivamente*. Como é que a2b/2 decide que duas listas não vazias são uma lista de a's e uma lista de b's com exatamente o mesmo comprimento? Simples: quando a cabeça da primeira lista é um a, a cabeça da segunda lista é um b, e a2b/2 decide que as respetivas caudas são listas de a's e b's com o mesmo comprimento! Isto sugere imediatamente a seguinte regra:

```
a2b([a|Ta],[b|Tb]) :- a2b(Ta,Tb).
```

Isto afirma: a avaliação do predicado a2b/2 deve ser yes se o primeiro argumento for uma lista com cabeça a, o segundo argumento for uma lista com cabeça b, e a avaliação de a2b/2 tem sucesso quando o predicado é aplicado às caudas.

Esta definição faz sentido do ponto de vista declarativo. É um predicado recursivo simples, em que a cláusula base trata o caso da lista vazia e a cláusula recursiva trata o caso das listas não vazias. Mas como é que funciona na prática? Isto é, qual é o significado procedimental? Por exemplo, se avaliarmos o objetivo

```
a2b([a,a,a],[b,b,b]).
```

o Prolog responde yes, que é o que pretendemos — mas *porque* é que isto acontece?

4.3. RECURSÃO EM LISTAS

Analisemos este exemplo. Neste objetivo, nenhuma das listas é a lista vazia, pelo que o facto não é relevante. Consequentemente, o Prolog vai tentar usar a regra recursiva. O objetivo coincide com a cabeça da cláusula (a cabeça da primeira lista é a e a cabeça da segunda é b), e portanto o Prolog tem agora um novo objetivo, designadamente

    a2b([a,a],[b,b]).

Mais uma vez o facto não é relevante, mas a regra recursiva pode ser usada de novo, obtendo-se o seguinte objetivo:

    a2b([a],[b]).

Uma vez mais o facto não é relevante, mas a regra recursiva pode ser usada, obtendo-se o seguinte objetivo:

    a2b([],[]).

Podemos por fim usar o facto: este diz-nos que, com efeito, temos duas listas que contêm exatamente o mesmo número de a's e b's (em particular, nenhum). Dado que a avaliação deste objetivo tem sucesso, isto significa que a avaliação do objetivo

    a2b([a],[b]).

tem também sucesso. Por sua vez, isto significa que a avaliação de

    a2b([a,a],[b,b]).

tem sucesso, e portanto

    a2b([a,a,a],[b,b,b]).

fica demonstrado.

Podemos resumir este processo como se segue. O Prolog começou com duas listas. Retirou a cabeça de cada uma, e verificou que eram um a e um b, respetivamente, como pretendido. De seguida, analisou recursivamente as caudas de ambas as listas, verificando em cada passo que as cabeças dessas caudas eram um a e um b. Por que razão terminou este processo? Devido ao facto de em cada passo se considerarem listas menores (as caudas das listas consideradas no passo anterior), chegando-se a dado momento a listas vazias. Neste ponto, o facto, que à partida poderia parecer trivial, vai desempenhar um papel fundamental: responder yes. Isto interrompeu a recursão e assegurou que a avaliação teve sucesso.

É também importante pensar no que acontece com objetivos que *falham*. Por exemplo, se avaliarmos o objetivo

```
a2b([a,a,a,a],[b,b,b]).
```

o Prolog responde, corretamente, **no**. Porquê? Porque, após repetir três vezes o processo recursivo descrito acima, fica com o objetivo

```
a2b([a],[]).
```

para avaliar. Não se consegue demonstrar este objetivo. E se avaliarmos o objetivo

```
a2b([a,c,a,a],[b,b,5,4]).
```

após levar a cabo o referido processo recursivo uma vez, o Prolog fica com o objetivo

```
a2b([c,a,a],[b,5,4]).
```

para avaliar, e, uma vez mais, este objetivo não pode ser demonstrado.

Este é o modo como a2b/2 funciona neste caso simples, mas não esgotámos ainda todas as suas possibilidades. Como é usual em Prolog, é boa ideia investigar o que acontece quando avaliamos objetivos com variáveis. E com a2b/2 algo interessante acontece: vai funcionar como um tradutor, traduzindo listas de a's para listas de b's, e vice-versa. Por exemplo, quando se avalia o objetivo

```
a2b([a,a,a,a],X).
```

obtém-se a resposta

```
X = [b,b,b,b].
```

Isto significa que a lista de a's foi traduzida para uma lista de b's. De modo análogo, usando uma variável no primeiro argumento, pode usar-se a2b/2 para traduzir listas de b's para listas de a's:

```
a2b(X,[b,b,b,b]).
```

```
X = [a,a,a,a]
```

Como é evidente, podem usar-se variáveis em ambos os argumentos:

```
a2b(X,Y).
```

Conseguirá o leitor descobrir o vai acontecer neste caso?

Em resumo, o predicado a2b/2 é um exemplo muito simples de um programa que manipula recursivamente um par de listas. O leitor não se deve deixar enganar pela sua simplicidade: o estilo de programação utilizado é fundamental em Prolog. Tanto as suas características declarativas (uma cláusula base para tratar o caso da lista vazia e uma cláusula recursiva para tratar o caso de listas não vazias) como as suas características procedimentais (manipular as cabeças das listas e de seguida fazer recursivamente o mesmo às caudas) surgem inúmeras vezes na programação em Prolog. Com efeito, ao longo da sua aprendizagem de Prolog, o leitor perceberá que o que irá escrever inúmeras vezes é, essencialmente, o predicado a2b/2, ou uma sua variante mais complexa, ainda que camuflado sob diversas formas.

4.4 Exercícios

Exercício 4.1 Quais as respostas que se obtêm quando se avaliam os seguintes objetivos?

1. [a,b,c,d] = [a,[b,c,d]].
2. [a,b,c,d] = [a|[b,c,d]].
3. [a,b,c,d] = [a,b,[c,d]].
4. [a,b,c,d] = [a,b|[c,d]].
5. [a,b,c,d] = [a,b,c,[d]].
6. [a,b,c,d] = [a,b,c|[d]].
7. [a,b,c,d] = [a,b,c,d,[]].
8. [a,b,c,d] = [a,b,c,d|[]].
9. [] = _.
10. [] = [_].
11. [] = [_|[]].

Exercício 4.2 Quais das seguintes listas estão sintaticamente corretas? Para estes casos indique quantos elementos tem a lista.

1. [1|[2,3,4]]
2. [1,2,3|[]]
3. [1|2,3,4]
4. [1|[2|[3|[4]]]]
5. [1,2,3,4|[]]

6. [[] | []]

7. [[1,2] |4]

8. [[1,2],[3,4] | [5,6,7]]

Exercício 4.3 Escreva um predicado segundo(X,Lista) que verifica se X é o segundo elemento de Lista.

Exercício 4.4 Escreva um predicado troca12(Lista1,Lista2) que verifica se Lista1 e Lista2 são listas idênticas, mas com os dois primeiros elementos trocados.

Exercício 4.5 Suponha que dispõe de uma base de conhecimento com os factos seguintes:

```
trad(eins,um).
trad(zwei,dois).
trad(drei,tres).
trad(vier,quatro).
trad(fuenf,cinco).
trad(sechs,seis).
trad(sieben,sete).
trad(acht,oito).
trad(neun,nove).
```

Escreva um predicado tradlista(A,P) que traduz uma lista de palavras em alemão que designam algarismos para a correspondente lista de palavras em português. Por exemplo, avaliar

```
tradlista([eins,neun,zwei],X).
```

deve resultar em

```
X = [um,nove,dois].
```

O programa deve também funcionar em sentido contrário. Por exemplo, se se avaliar

```
tradlista(X,[um,sete,seis,dois]).
```

o resultado deve ser

```
X = [eins,sieben,sechs,zwei].
```

4.5. SESSÃO PRÁTICA

(Sugestão: para resolver este exercício, o leitor deve começar por perguntar a si próprio "Como devo traduzir a lista *vazia*?" Este é o caso base. Para listas não vazias, o leitor deve começar por traduzir a cabeça da lista, e de seguida usar recursão para traduzir a cauda.)

Exercício 4.6 Escreva um predicado duplica(E,S) em que o primeiro argumento é uma lista e o segundo argumento é uma lista obtida a partir da primeira duplicando cada um dos seus elementos. Por exemplo, se se avaliar

    duplica([a,4,buggle],X).

deve obter-se

    X = [a,a,4,4,buggle,buggle]).

Se se avaliar

    duplica([1,2,1,1],X).

deve obter-se

    X = [1,1,2,2,1,1,1,1].

(Sugestão: para resolver este exercício, o leitor deve começar por perguntar a si próprio "O que deve acontecer quando o primeiro argumento é a lista *vazia*?". Este é o caso base. Para listas não vazias, deve pensar-se no que fazer com a cabeça, e de seguida usar recursão para tratar a cauda.)

Exercício 4.7 Esboce as árvores de pesquisa relativas aos três objetivos seguintes:

    ?- member(a,[c,b,a,y]).

    ?- member(x,[a,b,c]).

    ?- member(X,[a,b,c]).

(As árvores de pesquisa foram apresentadas no Capítulo 2.)

4.5 Sessão prática

O objetivo da sessão prática 4 é familiarizar o leitor com a recursão em listas. Sugerem-se em primeiro lugar algumas avaliações usando trace, e de seguida alguns exercícios de programação.

Usando trace, comece por avaliar de uma forma sistemática alguns objetivos relativos ao predicado a2b/2, de modo a garantir que compreendeu como este funciona. Em particular:

1. Considere alguns exemplos de objetivos sem variáveis que conduzam ao sucesso. Por exemplo, avalie a2b([a,a,a,a],[b,b,b,b]) e relacione a resposta obtida com o exposto acima.

2. Considere alguns exemplos de objetivos que falhem. Experimente casos em que existam listas de comprimentos diferentes (como por exemplo a2b([a,a,a,a],[b,b,b])) e casos em que existam símbolos distintos de a e b (como por exemplo a2b([a,c,a,a],[b,b,5,4])).

3. Considere alguns exemplos com variáveis. Experimente, por exemplo, a2b([a,a,a,a],X) e a2b(X,[b,b,b,b]).

4. Certifique-se que compreende o que acontece quando ambos os argumentos são variáveis. Avalie o objetivo a2b(X,Y), por exemplo.

5. Repita as sugestões anteriores, agora com o predicado member/2. Isto é, avalie objetivos simples que conduzam ao sucesso (como por exemplo member(a,[1,2,a,b])), objetivos simples que falhem (como por exemplo member(z,[1,2,a,b])), e objetivos com variáveis (como por exemplo member(X,[1,2,a,b])). Certifique-se, em cada um dos casos, que compreende a razão pela qual a recursão termina.

De seguida experimente o seguinte.

1. Escreva um predicado combina1 com três argumentos que recebe três listas e combina os elementos das duas primeiras na terceira como se ilustra de seguida:

    ?- combina1([a,b,c],[1,2,3],X).

    X = [a,1,b,2,c,3]

    ?- combina1([f,b,yip,yup],[glu,gla,gli,glo],R).

    R = [f,glu,b,gla,yip,gli,yup,glo]

2. Escreva agora um predicado combina2 com três argumentos que recebe três listas e combina os elementos das duas primeiras na terceira como se ilustra de seguida:

    ?- combina2([a,b,c],[1,2,3],X).

    X = [[a,1],[b,2],[c,3]]

    ?- combina2([f,b,yip,yup],[glu,gla,gli,glo],R).

4.5. SESSÃO PRÁTICA

R = [[f,glu],[b,gla],[yip,gli],[yup,glo]]

3. Finalmente, escreva um predicado `combina3` com três argumentos que recebe três listas e combina os elementos das duas primeiras na terceira como se ilustra de seguida:

?- combina3([a,b,c],[1,2,3],X).

X = [j(a,1),j(b,2),j(c,3)]

?- combina3([f,b,yip,yup],[glu,gla,gli,glo],R).

R = [j(f,glu),j(b,gla),j(yip,gli),j(yup,glo)]

Os três programas são muito semelhantes a `a2b/2` (embora manipulem três listas, e não duas). Isto é, todos eles podem ser escritos usando recursão em listas, fazendo algo às cabeças das listas, e fazendo de seguida o mesmo às caudas, recursivamente. Com efeito, uma vez definido `combina1`, para obter `combina2` e `combina3` é apenas necessário modificar o que se faz às cabeças.

Capítulo 5

Aritmética

> Este capítulo tem dois objetivos principais:
> 1. Estudar as operações pré-definidas em Prolog para a aritmética.
> 2. Aplicar essas operações a problemas simples de manipulação de listas recorrendo a acumuladores.

5.1 Aritmética em Prolog

O Prolog disponibiliza um certo número de operações aritméticas básicas para manipular números inteiros (isto é, ...-3, -2, -1, 0, 1, 2, 3, 4...). A maioria das implementações do Prolog disponibiliza também operações para manipular números reais (ou de vírgula flutuante) tais como 1.53 ou 6.35×10^5. Não iremos, no entanto, entrar em pormenores acerca destas operações, dado que estas não são particularmente úteis para os problemas de processamento simbólico a que este livro dá ênfase. Mas os números inteiros são relevantes para este tipo de problemas (usamo-los, por exemplo, para definir o comprimento de listas), pelo que é importante saber trabalhar com eles. Começamos por analisar o modo como o Prolog trata as quatro operações básicas de adição, multiplicação, subtração e divisão.

Expressões aritméticas	Notação Prolog
$6 + 2 = 8$	8 is 6+2.
$6 * 2 = 12$	12 is 6*2.
$6 - 2 = 4$	4 is 6-2.
$6 - 8 = -2$	-2 is 6-8.
$6 \div 2 = 3$	3 is 6/2.
$7 \div 2 = 3$	3 is 7/2.
1 é o resto da divisão de 7 por 2	1 is mod(7,2).

Note-se que como se trabalha com números inteiros, o resultado da divisão é também um número inteiro. Assim, o resultado de $7 \div 2$ é 3 e o resto é 1.

A avaliação dos seguintes objetivos conduz às respostas indicadas:

```
?- 8 is 6+2.
yes

?- 12 is 6*2.
yes

?- -2 is 6-8.
yes

?- 3 is 6/2.
yes

?- 1 is mod(7,2).
yes
```

É também importante salientar que se podem obter respostas a perguntas aritméticas usando variáveis. Por exemplo:

```
?- X is 6+2.

X = 8

?- X is 6*2.

X = 12

?- R is mod(7,2).

R = 1
```

Podem também usar-se operações aritméticas na definição de predicados. Vejamos um exemplo simples. Suponha-se que se pretende definir um predicado `soma_3_e_duplica/2` cujos argumentos são ambos números inteiros. Este predicado começa por adicionar 3 ao primeiro argumento, de seguida duplica o resultado obtido, e devolve o inteiro obtido no segundo argumento. Este predicado pode ser definido como se segue:

```
soma_3_e_duplica(X,Y) :- Y is (X+3)*2.
```

E, com efeito, funciona:

```
?- soma_3_e_duplica(1,X).

X = 8

?- soma_3_e_duplica(2,X).

X = 10
```

É importante destacar que o Prolog utiliza as convenções usuais para desambiguar expressões aritméticas. Por exemplo, quando se escreve $3+2\times 4$ tal significa $3+(2\times 4)$ e não $(3+2)\times 4$, e o Prolog usa de facto esta convenção:

```
?- X is 3+2*4.

X = 11
```

5.2 Um olhar mais atento

Vimos até agora os conceitos mais básicos, mas é necessário aprofundar mais este assunto. É importante notar que +, *, -, ÷ e **mod** *não* realizam nenhuma operação aritmética. Com efeito, expressões como 3+2, 3-2 e 3*2 são apenas termos. Os functores destes termos são +, - e *, respetivamente, e os argumentos são 3 e 2. Estes termos são termos usuais do Prolog, independentemente do facto de os functores estarem colocados entre os argumentos (e não no início). A não ser que se faça algo, o Prolog não realiza nenhuma operação aritmética. Em particular, se avaliarmos o objetivo

```
?- X = 3+2
```

não obtemos a resposta X=5. Em vez disso, obtemos

```
X = 3+2
yes
```

Isto é, o Prolog limitou-se a unificar a variável X com o termo complexo 3+2. *Não* realizou nenhuma operação aritmética. Fez apenas o que é habitual quando se usa =/2: unificar.

De modo análogo, se avaliarmos o objetivo

```
?- 3+2*5 = X
```

obtém-se a resposta

```
X = 3+2*5
yes
```

Mais uma vez, o Prolog apenas instanciou a variável X com o termo complexo 3+2*5. Não interpretou esta expressão como 13.

Para forçar o Prolog a avaliar expressões aritméticas é necessário usar

```
is
```

tal como foi feito nos exemplos anteriores. De facto, `is` faz algo de muito especial: envia um sinal ao Prolog dizendo "Esta expressão não é para ser tratada como um termo complexo usual! Há que calcular o seu valor usando as operações aritméticas pré-definidas!"

Resumidamente, `is` obriga o Prolog a comportar-se de forma pouco usual. Em geral, o Prolog limita-se a fazer a unificação de variáveis com estruturas: de facto, esta é a sua função. A aritmética é algo extra que, pela sua utilidade, lhe foi acrescentado. Não é de surpreender que existam algumas restrições a esta capacidade extra, e é necessário conhecê-las.

Em primeiro lugar, as expressões aritméticas a serem avaliadas têm de estar do lado direito de `is`. Nos exemplos iniciais tivemos o cuidado de escrever o objetivo

5.2. UM OLHAR MAIS ATENTO

```
?- X is 6+2.

X = 8
```

que é a forma correta de o fazer. Se em vez disso tivéssemos avaliado

```
6+2 is X.
```

o resultado seria uma mensagem dizendo `instantiation_error`, ou algo semelhante.

Podemos usar variáveis na expressão do lado direito de `is`, mas, quando avaliarmos essa expressão, as variáveis têm de ter sido já instanciadas com uma expressão aritmética que não envolva variáveis. Se alguma dessas variáveis não estiver instanciada, ou se tiver sido instanciada com algo que não seja um número inteiro, iremos obter uma mensagem do tipo `instantiation_error`. Isto deve-se ao facto de as operações aritméticas não serem realizadas usando os mecanismos usuais de unificação e de pesquisa em bases de conhecimento: são realizadas recorrendo a uma caixa negra que realiza operações aritméticas sobre inteiros. Se utilizarmos a caixa negra com valores de tipo inadequado, esta vai queixar-se.

Vejamos um exemplo. Recordemos o predicado "soma 3 e duplica".

```
soma_3_e_duplica(X,Y) :- Y is (X+3)*2.
```

Ao descrevermos este predicado, tivemos o cuidado de dizer que adicionava 3 ao primeiro argumento, duplicava o resultado, e devolvia a resposta no segundo argumento. Por exemplo, `soma_3_e_duplica(3,X)` devolve `X = 12`. Nada dissemos acerca da utilização deste predicado em sentido inverso. Por exemplo, poderíamos esperar que ao avaliar o objetivo

```
?- soma_3_e_duplica(X,12).
```

obtivéssemos a resposta `X=3`. Mas tal não acontece. Em vez disso, obtemos uma mensagem do tipo `instantiation_error`. Porquê? Porque quando escrevemos este último objetivo, estamos a pedir ao Prolog para avaliar `12 is (X+3)*2`, algo que *não* pode fazer uma vez que X não está instanciada.

Duas notas finais. Como já referimos, para o Prolog `3 + 2` é apenas um termo. Com efeito, é apenas o termo *+(3,2)*. A expressão `3 + 2` é apenas uma notação mais fácil de utilizar. Isto significa que, se quisermos, podemos escrever objetivos como

```
X is +(3,2)
```

e o Prolog responde corretamente

```
X = 5
```

Com efeito, pode mesmo escrever-se o objetivo

```
?- is(X,+(3,2))
```

e o Prolog responde

```
X = 5
```

Isto acontece porque, para o Prolog, a expressão `X is +(3,2)` é de facto o termo `is(X,+(3,2))`. A expressão `X is +(3,2)` é apenas uma notação mais fácil. No fundo, como sempre, o Prolog manipula apenas termos.

Resumindo, é fácil utilizar aritmética em Prolog. Apenas temos que nos lembrar que se tem de usar `is` para forçar a avaliação, que as expressões avaliar têm de estar do lado direito de `is`, e que garantir que todas as variáveis estão corretamente instanciadas. Mas existe uma questão mais profunda que vale a pena referir: acrescentar a capacidade de fazer aritmética desta forma fez com que o fosso entre os significados declarativo e procedimental dos programas Prolog aumentasse.

5.3 Aritmética e listas

A utilização mais importante da aritmética neste livro é, provavelmente, a de permitir obter certas características relevantes das estruturas de dados (tal como listas). Por exemplo, pode ser útil determinar o comprimento de uma lista. Vejamos alguns exemplos de utilização de listas juntamente com aritmética.

Qual é o comprimento de uma lista? Eis uma definição recursiva.

1. A lista vazia tem comprimento zero.

2. Uma lista não vazia tem comprimento 1 + $comp(T)$, onde $comp(T)$ é o comprimento da sua cauda.

Esta definição já é praticamente um programa Prolog. O programa propriamente dito é:

```
comp([],0).
comp([_|T],N) :- comp(T,X), N is X+1.
```

O predicado funciona como esperado. Por exemplo:

```
?- comp([a,b,c,d,e,[a,b],g],X).

X = 7
```

5.3. ARITMÉTICA E LISTAS

Este é um bom programa: é fácil de compreender e é eficiente. Mas existe um outro método para calcular o comprimento de uma lista. Analisamos agora esta alternativa pois serve para motivar o conceito de acumulador. Se o leitor estiver familiarizado com outras linguagens de programação, então está habituado a utilizar variáveis para guardar resultados intermédios. Um acumulador é o análogo em Prolog.

Vejamos como utilizar um acumulador para calcular o comprimento de uma lista. Definimos um predicado compAc/3 com os argumentos

```
compAc(Lista,Ac,Comp)
```

Neste caso, Lista é a lista cujo comprimento se pretende calcular, e Comp é o seu comprimento (um número inteiro). E o que dizer de Ac? Esta variável é o acumulador que vamos utilizar para registar os valores intermédios do comprimento (e é também um número inteiro). Quando utilizarmos este predicado, atribuímos o valor inicial 0 a Ac. De seguida, percorremos a lista, recursivamente, adicionando 1 a Ac de cada vez que encontrarmos um elemento na cabeça, até obtermos a lista vazia. Quando tal acontecer, Ac contém o comprimento da lista. Eis o código:

```
compAc([_|T],A,C) :-  Anovo is A+1, compAc(T,Anovo,C).
compAc([],A,A).
```

O caso base desta definição unifica o segundo argumento com o terceiro. Porquê? Porque esta unificação trivial é uma forma fácil de garantir que o resultado, isto é, o comprimento da lista, é devolvido. Quando se atinge o fim da lista, o acumulador (a segunda variável) contém o comprimento da lista. Como tal, atribuímos este valor (por unificação) à variável relativa ao comprimento (a terceira variável). Segue-se um exemplo usando trace. Pode ver-se claramente o modo como é atribuído o valor à variável relativa ao comprimento no fim da recursão, e como esse valor é transmitido à medida que o Prolog conclui o processo de recursão.

```
?- compAc([a,b,c],0,L).
   Call: (6) compAc([a, b, c], 0, _G449) ?
   Call: (7) _G518 is 0+1 ?
   Exit: (7) 1 is 0+1 ?
   Call: (7) compAc([b, c], 1, _G449) ?
   Call: (8) _G521 is 1+1 ?
   Exit: (8) 2 is 1+1 ?
   Call: (8) compAc([c], 2, _G449) ?
   Call: (9) _G524 is 2+1 ?
   Exit: (9) 3 is 2+1 ?
   Call: (9) compAc([], 3, _G449) ?
```

```
Exit:  (9) compAc([], 3, 3) ?
Exit:  (8) compAc([c], 2, 3) ?
Exit:  (7) compAc([b, c], 1, 3) ?
Exit:  (6) compAc([a, b, c], 0, 3) ?
```

Para terminar, definimos um predicado que faz a chamada ao predicado compAc por nós, e atribui o valor inicial 0 ao acumulador:

```
compr(Lista,Comp) :- compAc(Lista,0,Comp).
```

Podemos então avaliar objetivos como o seguinte:

```
?- compr([a,b,c,d,e,[a,b],g],X).
```

Os acumuladores são muito frequentes em programas Prolog. (Veremos neste capítulo outro exemplo de um programa que utiliza acumuladores, e mais exemplos em capítulos ulteriores). Mas porque é que isto acontece? Em que medida é compAc melhor que comp? De certo modo, compAc até parece mais difícil. A resposta é que compAc usa recursão à direita[1] e comp não usa. Nos programas com recursão à direita, o resultado está completamente determinado quando se chega à base da recursão, e apenas tem de ser transmitido para os níveis da recursão superiores. Nos programas sem recursão à direita, existem objetivos noutros níveis de recursão que têm de esperar por uma resposta de um nível inferior da recursão antes de poderem ser avaliados. Para compreender esta situação, compare as avaliações (usando trace) de compAc([a,b,c],0,L) (ver acima) com comp([a,b,c],L) (ver abaixo). No primeiro caso, o resultado é calculado à medida que a recursão avança — assim que se atinge a base em compAc([],3,_G449), o resultado está calculado e apenas tem de ser transmitido para os níveis de recursão superiores. No primeiro caso, o resultado é calculado à medida que vai da base de recursão para os níveis de recursão superiores; o resultado de comp([b,c], _G481), por exemplo, apenas é calculado após a chamada recursiva de comp estar concluída e o resultado de comp([c],_G489) ser conhecido. Resumindo, nos programas com recursão à direita é necessário manter menos informação, o que os torna mais eficientes.

```
?- comp([a,b,c],L).
   Call: (6) comp([a, b, c], _G418) ?
   Call: (7) comp([b, c], _G481) ?
   Call: (8) comp([c], _G486) ?
   Call: (9) comp([], _G489) ?
   Exit: (9) comp([], 0) ?
   Call: (9) _G486 is 0+1 ?
```

---

[1]NdT: do inglês *tail recursion*.

```
Exit:  (9) 1 is 0+1 ?
Exit:  (8) comp([c], 1) ?
Call:  (8) _G481 is 1+1 ?
Exit:  (8) 2 is 1+1 ?
Exit:  (7) comp([b, c], 2) ?
Call:  (7) _G418 is 2+1 ?
Exit:  (7) 3 is 2+1 ?
Exit:  (6) comp([a, b, c], 3) ?
```

5.4 Comparação

Alguns dos predicados aritméticos do Prolog fazem de facto cálculos aritméticos (isto é, sem utilizar is). Estes predicados correspondem aos operadores que comparam números inteiros.

Expressões aritméticas	Notação Prolog
$x < y$	X < Y.
$x \leq y$	X =< Y.
$x = y$	X =:= Y.
$x \neq y$	X =\= Y.
$x \geq y$	X >= Y
$x > y$	X > Y

O significado destes operadores é o esperado:

```
?- 2 < 4.
yes

?- 2 =< 4.
yes

?- 4 =< 4.
yes

?- 4=:=4.
yes

?- 4=\=5.
yes

?- 4=\=4.
no
```

```
?- 4 >= 4.
yes

?- 4 > 2.
yes
```

Note-se que estes operadores forçam a avaliação quer das expressões do lado direito, quer das do lado esquerdo:

```
?- 2 < 4+1.
yes

?- 2+1 < 4.
yes

?- 2+1 < 3+2.
yes
```

Observe-se que =:= é diferente de =, como ilustram os exemplos seguintes:

```
?- 4=4.
yes

?- 2+2 =4.
no

?- 2+2 =:= 4.
yes
```

Isto é, = tenta unificar ambas as expressões; *não* obriga a sua avaliação. Esta é uma tarefa para =:=.

Sempre que se usam estes operadores, há que ter o cuidado de garantir que todas as variáveis estão instanciadas. Por exemplo, todos os objetivos seguintes dão origem a erros de instanciação.

```
?- X < 3.

?- 3 < Y.

?- X =:= X.
```

Há que garantir ainda que estão instanciadas com números *inteiros*. O objetivo

```
?- X = 3, X < 4.
```

5.4. COMPARAÇÃO

conduz ao sucesso. Mas o objetivo

```
?- X = b, X < 4.
```

falha.

Vejamos um exemplo que tira partido das capacidades do Prolog para comparar números. Vamos definir um predicado que recebe no primeiro argumento uma lista não vazia de números inteiros não negativos, e devolve o maior inteiro da lista no último argumento. Usaremos de novo um acumulador. À medida que percorremos a lista, o acumulador vai registando o maior inteiro encontrado até ao momento. Se encontrarmos um valor maior, o acumulador vai ser atualizado para este novo valor. Na chamada inicial, o valor do acumulador é fixado em 0.

O código é o seguinte. Observe-se que existem *duas* cláusulas recursivas:

```
maxAc([H|T],A,Max) :-
   H > A,
   maxAc(T,H,Max).

maxAc([H|T],A,Max) :-
   H =< A,
   maxAc(T,A,Max).

maxAc([],A,A).
```

A primeira cláusula verifica se a cabeça da lista é maior que o maior valor encontrado até ao momento. Em caso afirmativo, o acumulador passa a ter este novo valor, e prossegue-se, recursivamente, ao longo da cauda da lista. A segunda cláusula aplica-se quando a cabeça é menor ou igual ao acumulador; neste caso, prossegue-se, recursivamente, ao longo da cauda da lista sem alterar o valor do acumulador. Por fim, a cláusula base unifica o segundo com o terceiro argumento; atribui ao último argumento o maior valor encontrado ao percorrer a lista.

Segue-se um exemplo:

```
?- maxAc([1,0,5,4],0,Max).
```

Neste cado pode aplicar-se a primeira cláusula de maxAc, obtendo-se o seguinte objetivo:

```
?- maxAc([0,5,4],1,Max).
```

Note-se que o valor do acumulador tem agora o valor 1. Neste caso, a cláusula de maxAc a aplicar é a segunda, uma vez que 0 (o próximo elemento da lista) é menor que 1, o valor do acumulador. Este processo repete-se até se atingir a lista vazia:

```
?- maxAc([5,4],1,Max).

?- maxAc([4],5,Max).

?- maxAc([],5,Max).
```

É agora aplicada a terceira cláusula, sendo a variável Max unificada com o valor do acumulador:

```
Max = 5.
yes
```

Tal como anteriormente, é conveniente definir um predicado que chama este, inicializando o acumulador. Mas qual deve ser o valor com que se inicializa o acumulador? Se considerarmos 0, então isso significa que estamos a assumir que todos os números da lista são positivos. Mas suponha-se que partimos de uma lista de número negativos. Neste caso teríamos

```
?- maxAc([-11,-2,-7,-4,-12],0,Max).

Max = 0
yes
```

Não é isto que se pretende: o maior elemento da lista é -2. A utilização de 0 como valor inicial do acumulador estragou tudo, uma vez que é maior que todos os elementos da lista.

Há uma maneira fácil de contornar o problema: uma vez que a lista inicial será sempre uma lista não vazia de números inteiros, basta inicializar o acumulador com a cabeça da lista. Deste modo garante-se que o valor inicial do acumulador é um elemento da lista. O predicado seguinte realiza esta tarefa por nós:

```
max(List,Max) :-
    List = [H|_],
    maxAc(List,H,Max).
```

Assim, basta avaliar

```
max([1,2,46,53,0],X).

X = 53
yes
```

e tem-se também

5.5. EXERCÍCIOS

```
max([-11,-2,-7,-4,-12],X).

X = -2
yes
```

5.5 Exercícios

Exercício 5.1 Qual a resposta do Prolog a cada um dos seguintes objetivos?

1. X = 3*4.
2. X is 3*4.
3. 4 is X.
4. X = Y.
5. 3 is 1+2.
6. 3 is +(1,2).
7. 3 is X+2.
8. X is 1+2.
9. 1+2 is 1+2.
10. is(X,+(1,2)).
11. 3+2 = +(3,2).
12. *(7,5) = 7*5.
13. *(7,+(3,2)) = 7*(3+2).
14. *(7,(3+2)) = 7*(3+2).
15. 7*3+2 = *(7,+(3,2)).
16. *(7,(3+2)) = 7*(+(3,2)).

Exercício 5.2

1. Defina um predicado incremento com dois argumentos que tem sucesso apenas quando o segundo argumento é o sucessor do primeiro argumento. Por exemplo, incremento(4,5) deve ter sucesso, mas incremento(4,6) deve falhar.

2. Defina um predicado `soma` com três argumentos que tem sucesso apenas quando o terceiro argumento é a soma dos dois primeiros. Por exemplo, `soma(4,5,9)` deve ter sucesso, mas `soma(4,6,12)` deve falhar.

Exercício 5.3 Escreva um predicado `soma_um/2` cujo primeiro argumento é uma lista de inteiros, e cujo segundo argumento é uma lista de inteiros que resulta de somar 1 a cada elemento da primeira lista. Por exemplo, a avaliação do objetivo

```
?- soma_um([1,2,7,2],X).
```

deve ser

```
X = [2,3,8,3].
```

5.6 Sessão prática

O objetivo da sessão prática 5 é ajudar o leitor a familiarizar-se com as funcionalidades aritméticas do Prolog, bem como exercitar mais a manipulação de listas. Para tal sugerem-se os seguintes exercícios de programação.

1. Descreveu-se anteriormente o predicado `maxAc` com três argumentos para calcular o máximo de uma lista não vazia de inteiros. Modificando um pouco o código, transforme-o num predicado `minAc` que calcula o *mínimo* de uma lista não vazia de inteiros.

2. Em matemática, um vetor de dimensão n é uma lista de números de comprimento n. Por exemplo, [2,5,12] é um vetor de dimensão 3, e [45,27,3,-4,6] é um vetor de dimensão 5. Uma das operações elementares sobre vetores é a *multiplicação por um escalar*. Nesta operação, cada elemento do vetor é multiplicado por um certo número. Por exemplo, se multiplicarmos o vetor [2,7,4] de dimensão 3 pelo escalar 3, o resultado é o vector [6,21,12]. Escreva um predicado `multEscalar` com três argumentos, cujo primeiro argumento é um número inteiro, cujo segundo argumento é uma lista de inteiros, e cujo terceiro argumento é o resultado de multiplicar o segundo argumento pelo escalar no primeiro argumento. Por exemplo, ao avaliar o objetivo

```
?- multEscalar(3,[2,7,4],Res).
```

deve obter-se

```
Res = [6,21,12]
```

5.6. SESSÃO PRÁTICA

3. Uma outra operação sobre vetores fundamental é o *produto interno*. Esta operação combina dois vetores de igual dimensão e devolve um número como resultado. Este resultado é obtido da seguinte forma: os elementos dos dois vetores em posições correspondentes são multiplicados, e o resultado é somado. Por exemplo, o produto interno de [2,5,6] e [3,4,1] é 6+20+6, isto é, 32. Escreva um predicado `prodInt` com três argumentos, cujos dois primeiros argumentos são listas de números inteiros, de igual comprimento, e cujo terceiro argumento é o produto interno dos dois primeiros argumentos. Por exemplo, ao avaliar o objetivo

   ```
   ?- prodInt([2,5,6],[3,4,1],Res).
   ```

   deve obter-se

   ```
   Res = 32
   ```

Capítulo 6

Listas revisitadas

> Este capítulo tem dois objetivos principais:
> 1. Definir append/3, um predicado para concatenar duas listas, e ilustrar o que se pode fazer com ele.
> 2. Estudar duas formas de inverter uma lista: um método mais simples com recurso a append/3, e um método mais eficiente com recurso a acumuladores.

6.1 Append

Nesta secção vamos definir um predicado importante cujos argumentos são listas, o predicado append/3[1]. Do ponto de vista declarativo, append(L1,L2,L3) verifica-se quando a lista L3 resulta da concatenação das listas L1 e L2 (concatenar significa juntar as listas colocando a segunda a seguir à primeira). Por exemplo, avaliando o objetivo

```
?- append([a,b,c],[1,2,3],[a,b,c,1,2,3]).
```

ou o objetivo

```
?- append([a,[foo,gibble],c],[1,2,[[]],b]],
         [a,[foo,gibble],c,1,2,[[]],b]).
```

obtém-se **yes** como resposta. Por sua vez, se avaliarmos o objetivo

```
?- append([a,b,c],[1,2,3],[a,b,c,1,2]).
```

ou o objetivo

```
?- append([a,b,c],[1,2,3],[1,2,3,a,b,c]).
```

obtemos **no** como resposta.

Do ponto de vista procedimental, a utilização mais óbvia de **append/3** é na concatenação de duas listas. Para tal basta usar uma variável no terceiro argumento: o objetivo

```
?- append([a,b,c],[1,2,3],L3).
```

tem como resposta

```
L3 = [a,b,c,1,2,3]
yes
```

Mas (como em breve se verá) pode também usar-se **append/3** para separar uma lista. Com efeito, o predicado **append/3** tem aplicações variadas. Analisar este predicado é uma boa forma de melhor compreender a manipulação de listas em Prolog.

Definição de append

A definição de **append/3** é:

---

[1]NdT: Embora o predicado append não faça parte da sintaxe do Prolog, decidiu-se manter a designação inglesa por uma questão de tradição.

6.1. APPEND

```
append([],L,L).
append([H|T],L2,[H|L3]) :- append(T,L2,L3).
```

Esta é uma definição recursiva. O caso base diz simplesmente que concatenar a lista vazia a qualquer lista resulta na mesma lista, o que é evidente.

Mas o que dizer o passo da recursão? Afirma que concatenar uma lista não vazia [H|T] com uma lista L2 resulta numa lista cuja cabeça é H e cuja cauda é o resultado de concatenar T com L2.

Talvez seja útil analisar esta definição através de um diagrama:

Entrada: [H | T] + L2

Resultado: [H | L3]
           T + L2

Mas qual é o significado procedimental desta definição? O que é que de facto acontece quando se usa append/3 para juntar estas listas? Vejamos com detalhe o que acontece quando se avalia o objetivo ?- append([a,b,c],[1,2,3],X).

Quando se avalia este objetivo, o Prolog fá-lo corresponder à cabeça da regra recursiva, criando uma nova variável interna (designada _G518, por exemplo). Recorrendo a trace para analisar o que acontece de seguida, obtém-se algo semelhante a:

```
append([a, b, c], [1, 2, 3], _G518)
append([b, c], [1, 2, 3], _G587)
append([c], [1, 2, 3], _G590)
append([], [1, 2, 3], _G593)
append([], [1, 2, 3], [1, 2, 3])
append([c], [1, 2, 3], [c, 1, 2, 3])
append([b, c], [1, 2, 3], [b, c, 1, 2, 3])
append([a, b, c], [1, 2, 3], [a, b, c, 1, 2, 3])

X = [a, b, c, 1, 2, 3]
yes
```

O padrão básico é claro: nas primeiras quatro linhas vemos que o Prolog precorre recursivamente a lista no primeiro argumento até conseguir aplicar o caso base da definição recursiva. Depois, como ilustram as quatro linhas seguintes, o Prolog "preenche" o resultado, passo a passo. Como é que este processo de "preenchimento" se desenrola? Instanciando sucessivamente as variáveis _G593, _G590, _G587 e _G518. Embora seja importante perceber este padrão básico, ele não nos diz tudo o que é necessário saber acerca do modo como o predicado `append/3` funciona. Apresenta-se de seguida a árvore de pesquisa para o objetivo `append([a,b,c],[1,2,3],X)`. Vamos analisar detalhadamente todos os passos, indicando quais são os objetivos e a instanciação das variáveis.

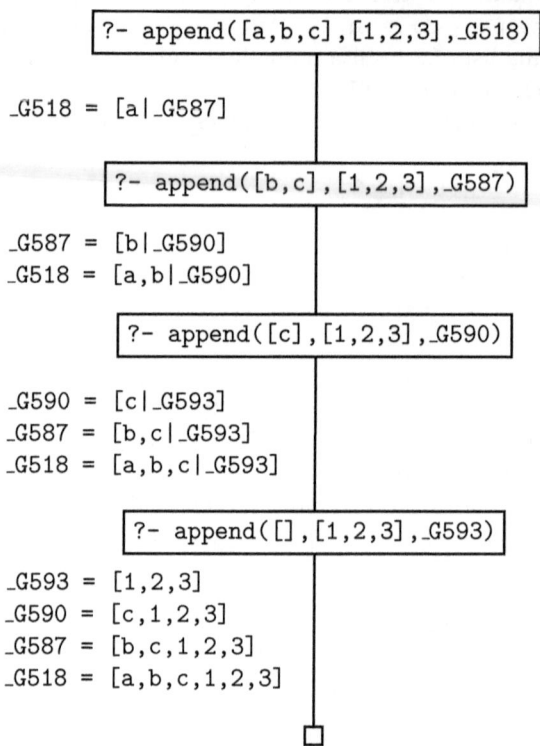

1. Objetivo 1: `append([a,b,c],[1,2,3],_G518)`. O Prolog faz corresponder este objetivo à cabeça da regra recursiva (isto é, faz corresponder este objetivo a `append([H|T],L2,[H|L3])`). Assim, vai unificar `_G518` com `[a|L3]`, obtendo o novo objetivo `append([b,c],[1,2,3],L3)`. Cria uma nova variável `_G587` para L3, logo `_G518 = [a|_G587]`.

2. Objetivo 2: `append([b,c],[1,2,3],_G587)`. O Prolog faz corresponder este objetivo à cabeça da regra recursiva, e vai unificar `_G587` com `[b|L3]`, obtendo o novo objetivo `append([c],[1,2,3],L3)`. Cria a variável interna `_G590` para L3, e portanto `_G587 = [b|_G590]`.

3. Objetivo 3: `append([c],[1,2,3],_G590)`. O Prolog faz corresponder este objetivo à cabeça da regra recursiva, e vai unificar `_G590` com `[c|L3]`,

6.1. APPEND

obtendo o novo objetivo `append([],[1,2,3],L3)`. Cria a variável interna `_G593` para `L3`, e portanto `_G590 = [c|_G593]`.

4. Objetivo 4: `append([],[1,2,3],_G593)`. Finalmente, o Prolog pode usar a cláusula base (isto é, `append([],L,L)`). Nos passos seguintes, o Prolog vai construir respostas para o objetivo 4, para o objetivo 3, para o objetivo 2 e para o objetivo 1. Vejamos como.

5. Resposta ao objetivo 4: `append([],[1,2,3],[1,2,3])`. A resposta resulta de fazer corresponder o objetivo 4, `append([],[1,2,3],_G593)`, à cláusula base, unificando `_G593` com `[1,2,3]`.

6. Resposta ao objetivo 3: `append([c],[1,2,3],[c,1,2,3])`. Porquê? Porque o objetivo 3 é `append([c],[1,2,3],_G590)`, e `_G590` é a lista `[c|_G593]`, e acabámos de unificar `_G593` com `[1,2,3]`. Assim, `_G590` vai ser unificada com `[c,1,2,3]`.

7. Resposta ao objetivo 2: `append([b,c],[1,2,3],[b,c,1,2,3])`. Porquê? Porque o objetivo 2 é `append([b,c],[1,2,3],_G587])`, e `_G587` é a lista `[b|_G590]`, e acabámos de unificar `_G590` com `[c,1,2,3]`. Assim, `_G587` é unificada com `[b,c,1,2,3]`.

8. Resposta ao objetivo 1: `append([a,b,c],[1,2,3],[b,c,1,2,3])`. Porquê? Porque o objetivo 2 é `append([a,b,c],[1,2,3],_G518])`, e `_G518` é a lista `[a|_G587]`, e acabámos de unificar `_G587` com `[b,c,1,2,3]`. Assim, `_G518` é unificada com `[a,b,c,1,2,3]`.

9. Deste modo, o Prolog sabe como instanciar `X`, a variável no objetivo inicial. Diz-nos que `X = [a,b,c,1,2,3]`, como pretendido.

O leitor deverá estudar cuidadosamente este exemplo, certificando-se que compreende todos os detalhes relativos à instanciação das variáveis, designadamente:

```
_G518 = [a|_G587]
      = [a|[b|_G590]]
      = [a|[b|[c|_G593]]]
```

Este tipo de padrão é típico do modo como funciona o predicado `append/3`. Ilustra também uma questão mais geral: o recurso à unificação para construir estrutura. Muito resumidamente, as chamadas recursivas a `append/3` vão construindo este padrão encaixado de variáveis que codificam a resposta pretendida. Quando finalmente o Prolog instancia a variável `_G593` com `[1, 2, 3]`, a resposta cristaliza-se, como um floco de neve à volta de um grão de poeira. Mas é a unificação, e não magia, que produz o resultado.

Utilização de append

Agora que o leitor compreende o modo como o predicado **append/3** funciona, vejamos como o podemos utilizar.

Uma utilização importante de **append/3** é na separação de uma lista em duas listas. Por exemplo:

```
?- append(X,Y,[a,b,c,d]).

X = []
Y = [a,b,c,d] ;

X = [a]
Y = [b,c,d] ;

X = [a,b]
Y = [c,d] ;

X = [a,b,c]
Y = [d] ;

X = [a,b,c,d]
Y = [] ;

no
```

Isto é, colocamos a lista que se pretende separar ([a,b,c,d] neste caso) no terceiro argumento de **append/3**, e colocam-se variáveis nos dois primeiros argumentos. O Prolog procura então formas de instanciar as variáveis com duas listas que, quando concatenadas, resultem na lista que está no terceiro argumento, e separando por isso a lista em duas. Adicionalmente, como ilustra este exemplo, usando retrocesso o Prolog consegue encontrar todas as formas possíveis de separar uma lista em duas, da forma pretendida.

Esta capacidade permite definir outros predicados relevantes a partir de **append/3**. Vejamos alguns exemplos. Em primeiro lugar, podemos definir um programa que procura prefixos de listas. Por exemplo, os prefixos de [a,b,c,d] são [], [a], [a,b], [a,b,c] e [a,b,c,d]. Recorrendo ao predicado **append/3**, é fácil definir um predicado **prefixo/2**, cujos argumentos são ambos listas, tal que prefixo(P,L) se verifica quando P é um prefixo de L. Vejamos como:

```
prefixo(P,L):- append(P,_,L).
```

Esta definição afirma que a lista P é um prefixo de L quando existe uma lista tal que L resulta de concatenar P com essa lista. (Usa-se a variável anónima

6.1. APPEND

uma vez que não estamos interessados em saber qual é essa outra lista) Este predicado consegue de facto encontrar prefixos de listas e, adicionalmente, usando retrocesso, consegue encontrá-los todos:

```
?- prefixo(X,[a,b,c,d]).

X = [] ;

X = [a] ;

X = [a,b] ;

X = [a,b,c] ;

X = [a,b,c,d] ;

no
```

De igual modo, podemos definir um programa para encontrar sufixos de listas. Por exemplo, os sufixos de [a,b,c,d] são [], [d], [c,d], [b,c,d] e [a,b,c,d]. Usando uma vez mais append/3, é fácil definir sufixo/2, um predicado cujos argumentos são ambos listas, tal que sufixo(S,L) se verifica quando S é um sufixo de L:

```
sufixo(S,L):- append(_,S,L).
```

Isto é, a lista S é um sufixo da lista L se existir alguma lista tal que L resulta de concatenar essa lista com S. Este predicado consegue encontrar sufixos de listas e, adicionalmente, usando retrocesso, consegue encontrá-los todos:

```
?- sufixo(X,[a,b,c,d]).

X = [a,b,c,d] ;

X = [b,c,d] ;

X = [c,d] ;

X = [d] ;

X = [] ;

no
```

O leitor deve certificar-se que compreende a razão pela qual os resultados aparecem por esta ordem.

É agora muito fácil definir um predicado que encontra sublistas de listas. As sublistas de [a,b,c,d] são [], [a], [b], [c], [d], [a,b], [b,c], [c,d], [a,b,c], [b,c,d] e [a,b,c,d]. Pensando um pouco, chega-se à conclusão que as sublistas de uma lista L são os *prefixos dos sufixos de* L. Considere o seguinte diagrama:

Calcular sufixo: $a, b, c, d, e, f, g, \underbrace{h, i, j, k, l, m, n, o, p}$

Calcular prefixo: $\underbrace{h, i, j, k, l}, m, n, o, p$

Resultado: h, i, j, k, l

Dado que já definimos os predicados para calcular sufixos e prefixos de listas, definimos uma sublista como

```
sublista(SubL,L):- sufixo(S,L), prefixo(SubL,S).
```

Isto é, SubL é uma sublista de L se existe alguma sufixo S de L do qual SubL é prefixo. Este predicado não usa *explicitamente* o predicado append/3, mas, com efeito, é ele que realiza todo o trabalho, uma vez que, quer prefixo/2 quer sufixo/2, foram definidos usando append/3.

6.2 Inversão de uma lista

O predicado append/3 é muito útil, e é importante saber como usá-lo. Mas é também importante perceber que pode estar na origem de programas ineficientes, e que provavelmente não estaremos interessados em usá-lo sempre.

Porque razão é append/3 uma fonte de ineficiência? Se pensarmos no modo como funciona, encontramos um ponto fraco: append/3 não concatena duas listas num único passo. Em vez disso, precisa de percorrer recursivamente a lista no primeiro argumento até encontrar o seu fim, e apenas nesse momento começa o processo de concatenação.

Em geral isto não causa problemas. Por exemplo, se dadas duas listas apenas as quisermos concatenar, tal pode não ser problemático. De facto, o Prolog vai precisar de percorrer a primeira lista, mas se esta não for muito grande, este não é um preço muito elevado a pagar pela comodidade de usar append/3.

6.2. INVERSÃO DE UMA LISTA

Mas a situação pode ser muito diferente se os dois primeiros argumentos forem variáveis. Como vimos anteriormente, pode ser útil colocar variáveis nos dois primeiros argumentos de append/3, dado que tal permite que o Prolog procure formas de separar listas. Mas há um preço a pagar: há muita pesquisa a fazer e tal pode conduzir a programas muito ineficientes.

Para ilustrar esta situação, vamos considerar o problema da inversão de uma lista. Isto é, vamos considerar o problema de definir um predicado que recebe uma lista ([a,b,c,d] por exemplo) e devolve uma lista contendo os mesmos elementos, mas por ordem inversa ([d,c,b,a] neste caso).

É útil dispôr de um predicado para fazer inversão de listas. Como o leitor já deve ter percebido, em Prolog é mais fácil manipular listas a partir do início do que a partir do fim. Por exemplo, para obter a cabeça de uma lista L, basta realizar a unificação [H|_] = L; esta unificação tem como resultado a instanciação de H com a cabeça de L. Mas obter o último elemento de uma lista é mais difícil: não é possível fazê-lo recorrendo apenas à unificação. Se dispusermos de um predicado que inverta listas, podemos inverter a lista inicial, e em seguida obter a cabeça da lista invertida, o que nos daria o último elemento da lista original. Assim, um predicado para inverter listas pode ser uma ferramenta útil. Contudo, dado que podemos ter de inverter listas muito grandes, vamos querer que esta ferramenta seja eficiente. Portanto, há que pensar neste problema com algum cuidado.

É o que vamos agora fazer. Vamos definir dois predicados: um predicado com uma definição mais ingénua, definido à custa de append/3, e um mais eficiente (e, de facto, mais natural) usando acumuladores.

Inversão usando append

Segue-se uma definição recursiva do que está envolvido na inversão de uma lista:

1. Quando se inverte a lista vazia obtém-se a lista vazia.

2. Quando se inverte a lista [H|T], obtém-se a lista que resulta de inverter T e depois concatenar [H].

Para confirmar que a cláusula recursiva está correta, considere-se [a,b,c,d]. Se se inverter a cauda desta lista obtém-se [d,c,b]. Concatenando esta última lista com [a] obtém-se [d,c,b,a], que é a lista [a,b,c,d] invertida.

Recorrendo ao predicado append/3 é fácil traduzir esta definição recursiva para Prolog:

```
invApp([],[]).
invApp([H|T],R):- invApp(T,InvT), append(InvT,[H],R).
```

Esta definição está correta, mas implica muito trabalho. É *muito* elucidativo ver o que acontece quando se avalia um objetivo usando `trace`. Concluímos que o programa gasta grande parte do tempo a concatenar listas, o que não é de surpreender: com efeito, o predicado `append/3` está a ser chamado recursivamente. O resultado é muito ineficiente (a inversão de uma lista com 8 elementos implica cerca de 90 passos) e difícil de compreender (o predicado passa grande parte do tempo em chamadas recursivas a `append/3`, tornando difícil perceber o que está a acontecer).

Isto não é muito agradável, mas como vamos ver *há* uma solução melhor.

Inversão usando um acumulador

Esta solução melhor vai usar um acumulador. A ideia subjacente é simples. O acumulador vai ser uma lista, que inicialmente é a lista vazia. Suponha-se que se pretende inverter a lista [a,b,c,d]. No início o acumulador é []. Assim, basta tomar a cabeça da lista que se pretende inverter e colocá-la como cabeça do acumulador. Processa-se em seguida a cauda, pelo que ficamos com a tarefa de inverter [b,c,d], sendo o acumulador [a]. Uma vez mais, tomamos a cabeça da lista que se pretende inverter, e colocamo-la como cabeça do acumulador (e portanto o acumulador é agora [b,a]), prosseguindo-se tentando inverter [c,d]. Usa-se de novo a mesma ideia, obtendo-se [c,b,a] como novo valor do acumulador, e tenta-se inverter [d]. Como esperado, no passo seguinte o valor do acumulador é [d,c,b,a], e o novo objetivo é tentar inverter []. Este processo para aqui: *o acumulador é a lista invertida que se pretendia obter*. Resumindo: a ideia é percorrer a lista que se pretende inverter passando cada um dos seus elementos para a cabeça do acumulador, como se segue:

```
Lista: [a,b,c,d]    Acumulador: []
Lista: [b,c,d]      Acumulador: [a]
Lista: [c,d]        Acumulador: [b,a]
Lista: [d]          Acumulador: [c,b,a]
Lista: []           Acumulador: [d,c,b,a]
```

Esta solução é eficiente porque apenas temos de percorrer a lista uma vez: não perdemos tempo a fazer concatenações ou outras tarefas irrelevantes.

Também é fácil traduzir esta ideia para Prolog. O código do acumulador é o seguinte:

```
invAc([H|T],A,R):- invAc(T,[H|A],R).
invAc([],A,A).
```

Este é um exemplo clássico de código em que se usa acumuladores: segue o mesmo padrão observado nos exemplos da aritmética, referidos no capítulo anterior. A cláusula recursiva é responsável por retirar a cabeça da lista e colocá-la no acumulador. A cláusula base faz com que o programa termine, e copia o acumulador para o último argumento.

Como é habitual quando se utilizam acumuladores, é útil escrever um predicado que realize a inicialização do acumulador:

inv(L,R):- invAc(L,[],R).

Uma vez mais, é elucidativo avaliar alguns objetivos usando trace e comparar os resultados com os que se obtêm quando se usa invApp/2. A versão com acumuladores é *claramente* melhor. Por exemplo, são necessários cerca de 20 passos para inverter uma lista com 8 elementos, enquanto que são necessários cerca de 90 no caso da outra versão. Para além disso, é mais fácil perceber o que está a acontecer. A ideia subjacente à versão com acumulador é mais simples e mais natural que as chamadas recursivas ao predicado append/3.

Resumindo, append/3 é um predicado útil, e não se deve ter receio de o usar. Mas há que ter em conta que pode ser uma fonte de ineficiência. Assim, quando o usar, o leitor deverá pensar se há uma solução melhor. Normalmente há. O recurso a acumuladores é, em geral, melhor e (como ilustra o exemplo inv/2) constitui uma forma natural de manipular listas.

6.3 Exercícios

Exercício 6.1 Uma lista diz-se *duplicada* se é constituída por dois blocos consecutivos de elementos que são exatamente iguais. Por exemplo, [a,b,c,a,b,c] é uma lista duplicada (é constituída por [a,b,c] seguida de [a,b,c]) o mesmo acontecendo com [foo,gubble,foo,gubble]. Por sua vez, [foo,gubble,foo] não é uma lista duplicada. Defina um predicado duplicada(Lista) que tem sucesso quando Lista é uma lista duplicada.

Exercício 6.2 Um palíndromo é uma palavra ou frase que se lê da mesma forma quer da esquerda para a direita, quer da direita para a esquerda. Por exemplo, 'reviver', 'ana', e 'luz azul' são palíndromos. Defina um predicado palindromo(Lista) que verifica se Lista é um palíndromo. Por exemplo, quando se avaliam os objetivos

?- palindromo([r,e,v,i,v,e,r]).

e

?- palindromo([l,u,z,a,z,u,l]).

o Prolog deve responder yes, mas quando se avalia o objetivo

?- palindromo([p,r,o,l,o,g]).

o Prolog deve responder no.

Exercício 6.3 Defina um predicado elimina_p_u(ListaE,ListaS) que responde no se a lista ListaE tiver menos de 2 elementos, e, em caso contrário, devolve em ListaS a lista que resulta de eliminar o primeiro elemento e o último elemento da lista dada. Por exemplo:

```
elimina_p_u([a],T).
no

elimina_p_u([a,b],T).
T=[]

elimina_p_u([a,b,c],T).
T=[b]
```

(Sugestão: é aqui que o predicado append/3 é útil.)

Exercício 6.4 Defina um predicado ultimo(Lista,X) que apenas se verifica quando Lista é uma lista com pelo menos um elemento e X é o último elemento dessa lista. Resolva este exercício de duas maneiras diferentes:

1. Defina ultimo/2 usando o predicado inv/2 analisado no texto.

2. Defina ultimo/2 usando recursão.

Exercício 6.5 Defina um predicado troca_p_u(Lista1,Lista2) que verifica se Lista1 é igual a Lista2, mas com o primeiro e o último elementos trocados entre si. O predicado append/3 pode ser útil, mas é também possível escrever uma definição recursiva sem recorrer a append/3 ou a outro qualquer predicado.

Exercício 6.6 Este exercício destina-se aos leitores que gostam de puzzles lógicos.

Numa rua existem três casas vizinhas, cada uma de sua cor, designadamente vermelho, azul e verde. Em cada casa vive uma só pessoa com o seu animal de estimação. Estas pessoas têm nacionalidades diferentes e os animais são também diferentes. Seguem-se alguns factos adicionais

- O inglês vive na casa vermelha.

- O jaguar é o animal de estimação do espanhol

- O japonês vive à direita da casa da pessoa que tem um caracol.

- A pessoa que tem um caracol vive à esquerda da casa azul.

6.4. SESSÃO PRÁTICA

Quem tem a zebra? Não resolva este problema: defina um predicado `zebra/1` que indique a nacionalidade da pessoa que tem a zebra!

(Sugestão: Pense numa representação para as casas e a rua. Codifique as quatro condições em Prolog. Os predicados `member/2` e `sublista/2` podem ser úteis.)

6.4 Sessão prática

O objetivo da sessão prática 6 é ajudar o leitor a ganhar mais experiência na manipulação de listas. Sugerem-se em primeiro lugar algumas avaliações com `trace` e de seguida alguns exercícios de programação.

As seguintes avaliações destinam-se a familiarizar o leitor com os predicados apresentados no texto:

1. Avalie `append/3` com `trace`, instanciando os dois primeiros argumentos e deixando o terceiro argumento por instanciar. Avalie, por exemplo, `append([a,b,c],[[],[2,3],b],X)`. Certifique-se que compreende o padrão básico.

2. De seguida, avalie `append/3` com `trace` tal como se usou para separar uma lista, isto é, com variáveis nos dois primeiros argumentos, e o último argumento instanciado. Por exemplo, `append(E,D,[foo,wee,blup])`.

3. Avalie `prefixo/2` e `sufixo/2` com `trace`. Porque é que `prefixo/2` encontra primeiro as listas mais pequenas e `sufixo/2` encontra primeiro as listas maiores?

4. Avalie `sublista/2` com `trace`. Como foi referido, este predicado gera todas as possíveis sublistas usando retrocesso, mas tal como verá, gera algumas sublista mais de uma vez. Consegue perceber porquê?

5. Avalie `invApp/2` e `inv/2` com `trace`, e compare os respetivos comportamentos.

Seguem-se alguns exercícios de programação:

1. Usando `append/3` é possível escrever uma definição do predicado `member` com apenas uma linha. Faça-o. Como é que esta nova versão de `member` se compara, em termos de eficiência, com a versão usual?

2. Defina um predicado `conj(ListaE,ListaS)` que recebe uma lista arbitrária e devolve uma lista em que cada elemento da lista dada ocorre uma única vez. Por exemplo, ao avaliar o objetivo

```
conj([2,2,foo,1,foo, [],[]],X).
```

obtém-se

```
X = [2,foo,1,[]].
```

(Sugestão: recorra ao predicado **member** para verificar se o elemento que se está a analisar já foi encontrado anteriormente.)

3. Diz-se que se "nivela" uma lista quando se removem todos os parênteses retos das possíveis listas que sejam elementos da lista inicial, e das possíveis listas que existam como elementos dessas outras listas, e assim por diante, para todas as listas encaixadas. Por exemplo, quando se nivela a lista

    ```
    [a,b,[c,d],[[1,2]],foo]
    ```

    obtém-se a lista

    ```
    [a,b,c,d,1,2,foo]
    ```

    e quando se nivela a lista

    ```
    [a,b,[[[[[[c,d]]]]]],[[1,2]],foo,[]]
    ```

    obtém-se também

    ```
    [a,b,c,d,1,2,foo].
    ```

    Defina um predicado **nivela(Lista,Niv)** que se verifica quando ao nivelar o primeiro argumento **Lista** se obtém o segundo argumento **Niv**. Deve fazê-lo sem recorrer ao predicado **append/3**.

Chegámos a meio do livro. Nivelar uma lista é considerada a Pons Asinorum[2] da programação em Prolog. Conseguiu atravessá-la? Se sim, ótimo. Está na altura de prosseguir.

---

[2] NdT: expressão latina que significa "ponte dos asnos".

Capítulo 7

Gramáticas de cláusulas definidas

> Este capítulo tem dois objetivos principais:
> 1. Estudar as gramáticas livres de contexto (GLCs) e alguns conceitos relacionados.
> 2. Estudar as gramáticas de cláusulas definidas (GCDs), um mecanismo pré-definido em Prolog para trabalhar com gramáticas livres de contexto (e outros tipos de gramáticas).

7.1 Gramáticas livres de contexto

O Prolog tem vindo a ser usado com diversos propósitos, mas os interesses do seu inventor, Alain Colmerauer, eram na área da linguística computacional, a qual continua a ser uma aplicação clássica desta linguagem. Para além disso, o Prolog disponibiliza um conjunto de ferramentas que facilitam o trabalho dos linguistas computacionais, e vamos de seguida começar a estudar uma das mais úteis: as gramáticas de cláusulas definidas, ou GCDs.

As GCDs constituem uma notação especial para definir gramáticas. Assim, antes de prosseguir, é conveniente saber o que é uma gramática. Como exemplo, iremos estudar as gramáticas livres de contexto (ou GLCs). A ideia subjacente às gramáticas livres de contexto é fácil de compreender, mas não se pense que as GLCs são simples brinquedos. Não são. Apesar de as GLCs não serem suficientemente expressivas para representarem a estrutura sintáctica de todas as linguagens naturais (isto é, o tipo de linguagens usadas pelos seres humanos), conseguem, no entanto, tratar grande parte dos aspectos da sintaxe de muitas linguagens naturais (português e inglês, por exemplo).

O que são afinal gramáticas livres de contexto? Na sua essência, são uma colecção finita de regras que nos dizem que certas frases são gramaticais e qual é a sua estrutura gramatical. Apresenta-se de seguida uma gramática livre de contexto simples para um pequeno fragmento do português:

```
f -> gn gv
gn -> det n
gv -> v gn
gv -> v
det -> o
det -> um
n -> homem
n -> urso
v -> mata
```

Quais são os ingredientes desta pequena gramática? Em primeiro lugar, observe-se que contém três tipos de símbolos. Um deles é o símbolo ->, usado para definir as regras. Existem também os símbolos f, gn, gv, det, n, v. Estes símbolos são denominados símbolos não terminais; veremos em breve a razão desta designação. Cada um destes símbolos tem um significado tradicional em linguística: f é abreviatura de frase, gn é abreviatura de grupo nominal, gv é abreviatura de grupo verbal, e det é abreviatura de determinante. Ou seja, cada um destes símbolos é abreviatura de uma categoria gramatical. Por fim, existem os símbolos em itálico: *o, um, homem, urso,* e *mata*. Estes símbolos são símbolos terminais, apesar de um cientista da computação os poder desig-

7.1. GRAMÁTICAS LIVRES DE CONTEXTO

nar por alfabeto e um linguista lhes poder chamar itens lexicais. Neste texto designá-los-emos por palavras.

Esta gramática contém nove regras livres de contexto. Uma regra livre de contexto é constituída por um único símbolo não terminal, seguido de ->, seguido, por sua vez, de uma sequência finita de símbolos terminais e/ou símbolos não terminais. Todas as nove regras apresentadas acima são desta forma, pelo que são de facto regras livres de contexto. O que significam estas regras? Elas dizem-nos como podem ser construídas as diferentes categorias gramaticais. O símbolo -> deve ler-se como *pode ser constituído por*, ou *pode ser construído a partir de*. Por exemplo, a primeira destas regras diz-nos que uma frase pode ser constituída por um grupo nominal, seguido de um grupo verbal. A terceira regra diz-nos que um grupo verbal pode ser constituído por um verbo seguido de um grupo nominal, enquanto a quarta regra nos diz que existe outra forma de construir um grupo verbal: usar apenas um verbo. As últimas cinco regras dizem-nos que *o* e *um* são determinantes, que *homem* e *urso* são nomes, e que *mata* é um verbo.

Considere-se a sequência de palavras *um homem mata um urso*. Será gramatical, de acordo com a gramática apresentada? E, em caso afirmativo, qual é a sua estrutura? A árvore seguinte responde a estas duas perguntas:

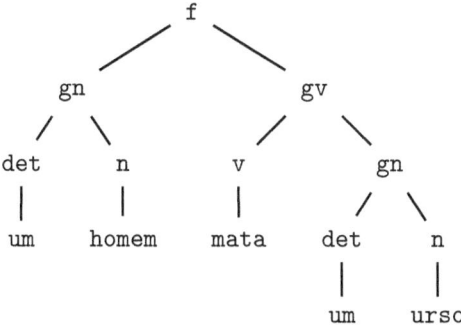

No topo da árvore está um nó etiquetado com **f**. Este nó tem dois descendentes, um etiquetado com **gn** e outro etiquetado com **gv**. Observe-se que esta parte da árvore está de acordo com a primeira regra da gramática, que diz que um **f** pode ser construído a partir de um **gn** e de um **gv**. (Um linguista diria que esta parte da árvore é permitida pela primeira regra.) Com efeito, como se pode ver, *qualquer* parte da árvore é permitida por uma das nossas regras. Por exemplo, os dois nós etiquetados com **gn** são permitidos pela regra que diz que um **gn** pode ser constituído por um **det** seguido de um **n**. E, na parte inferior da árvore, todas as palavras em *um homem mata um urso* são permitidas por alguma regra. A propósito, note-se que os símbolos terminais estão apenas presentes na parte inferior da árvore (os nós folha), enquanto os símbolos não terminais estão presentes apenas nos nós que se encontram mais acima na árvore (os nós interiores).

Uma árvore deste tipo é denominada árvore de análise sintática[1]. As árvores de análise sintática são importantes porque nos dão dois tipos de informação. Em primeiro lugar, dão-nos informação acerca das sequências de palavras. Em segundo lugar, dão-nos informação acerca da estrutura. É importante saber distinguir estes dois tipos de informação, pelo que iremos analisar este assunto com mais detalhe e, simultaneamente, aprender alguma terminologia relevante.

Dada uma sequência de palavras e uma gramática, se *for* possível construir uma árvore de análise sintática como a anterior (isto é, uma árvore que tem f no nó raiz, cada um dos restantes nós é permitido pela gramática e a sequência de palavras dada surge pela ordem correta ao longo dos nós terminais) então dizemos que a sequência é gramatical (de acordo com a gramática dada). Por exemplo, a sequência *um homem mata um urso* é gramatical de acordo com a gramática apresentada (e, na verdade, uma qualquer gramática razoável da língua portuguesa classificaria esta sequência como gramatical). Por outro lado, se não existir uma tal árvore, a sequência é agramatical (de acordo com a gramática dada). Por exemplo, a sequência *homem um homem urso um mata* é agramatical de acordo com a gramática apresentada (e qualquer gramática razoável da língua portuguesa classificaria esta sequência como agramatical). A linguagem gerada por uma gramática é o conjunto de todas as sequências que a gramática classifica como gramaticais. Por exemplo, *o homem mata um urso* também pertence à linguagem gerada pela gramática apresentada, tal como *um urso mata o homem*. Um reconhecedor livre de contexto é um programa que nos diz se uma sequência pertence ou não à linguagem gerada por uma gramática livre de contexto. Dito de outra forma, um reconhecedor é um programa que classifica, corretamente, sequências como sendo gramaticais ou agramaticais (de acordo com uma dada gramática).

Mas, com frequência, quer em linguística quer em ciência da computação, não estamos apenas interessados em saber se uma sequência é ou não gramatical, mas também pretendemos saber *porque razão* é gramatical. Mais precisamente, pretendemos conhecer a sua estrutura, e é precisamente esta informação que é dada pela árvore de análise sintática. Por exemplo, a árvore de análise sintática anterior mostra como as palavras em *um homem mata um urso* se combinam entre si para formar uma frase. Este tipo de informação seria importante se estivéssemos a usar esta frase numa situação em que fosse necessário dizer o que ela de facto significa (isto é, se estivéssemos interessados em fazer análise semântica)

Um analisador sintático[2] livre de contexto é um programa que decide se uma

---

[1] NdT: do inglês *parsing tree*.
[2] NdT: do inglês *parser*.

sequência pertence à linguagem gerada por uma gramática livre de contexto *e também nos diz qual é a sua estrutura*. Isto é, enquanto um reconhecedor apenas nos diz "Sim, é gramatical" ou "Não, é agramatical" relativamente a cada sequência, um analisador sintático constrói a árvore de análise sintática associada a esta sequência e apresenta-a.

Falta explicar um último conceito, a saber, o que é uma linguagem livre de contexto. Convém não confundir: dissemos apenas o que era uma *gramática* livre de contexto, mas não o que é uma *linguagem* livre de contexto. Uma linguagem livre de contexto é uma linguagem que pode ser gerada por uma gramática livre de contexto. Algumas linguagens são livres de contexto e outras não. Por exemplo, parece plausível pensar que a língua inglesa é uma linguagem livre de contexto. Isto é, talvez seja possível escrever uma gramática livre de contexto que gere todas as frases que os nativos desta língua considerem aceitáveis (e apenas essas). Por outro lado, alguns dialetos de suíço-alemão *não* são livres de contexto. Pode ser demonstrado matematicamente que nenhuma gramática livre de contexto consegue gerar todas as frases que os nativos desses dialetos consideram aceitáveis (e apenas essas).[3] Assim, se quisermos escrever uma gramática para tais dialetos, é necessário usar mecanismos gramaticais adicionais, e não apenas regras livres de contexto.

Reconhecimento usando `append`

Isto é a teoria, mas como é que se trabalha com gramáticas livres de contexto em Prolog? Mais concretamente: dada uma gramática livre de contexto, como se pode escrever um reconhecedor para ela? E como se pode escrever um analisador sintático? Responderemos com detalhe à primeira pergunta neste capítulo. Veremos em primeiro lugar como escrever reconhecedores (muito simples) em Prolog e, de seguida, como escrever reconhecedores mais sofisticados usando listas de diferença. Este estudo conduzir-nos-á às gramáticas de cláusulas definidas, o sistema de gramáticas pré-definido do Prolog. No capítulo seguinte estudam-se com mais detalhe estas gramáticas, estudando, em particular, como usá-las para definir analisadores sintáticos.

Assim, dada uma gramática livre de contexto, como é que se pode definir em Prolog um reconhecedor? Na verdade, o Prolog tem uma resposta muito direta a esta pergunta: podem simplesmente escrever-se cláusulas Prolog que correspondam de forma óbvia às regras da gramática. Isto é, pode simplesmente traduzir-se a gramática para Prolog.

Apresenta-se de seguida uma forma simples (mas, como se verá, ineficiente) de o fazer. Usam-se listas para representar sequências. Por exemplo, usa-se a lista `[um,homem,mata,um,urso]` para representar a sequência *um homem*

---

[3] "Evidence against the context-freeness of natural language", Stuart M. Shieber, *Linguistics and Philosophy*, 8:333–343, 1985.

mata um urso. Já referimos que o símbolo -> utilizado nas gramáticas livres de contexto significa *pode ser constituído por*, ou *pode ser construído a partir de*, e esta ideia é fácil de modelar usando listas. Por exemplo, a regra f -> gn gv pode ser entendida como afirmando: uma lista de palavras é uma f lista se resulta de concatenar uma gn lista com uma gv lista. Dado que sabemos como concatenar listas em Prolog (pode usar-se append/3), é fácil transformar estas regras para Prolog. E o que dizer das regras acerca de palavras individuais? Ainda mais fácil: pode ver-se n -> *homem* como afirmando que a lista [homem] é uma n lista.

Seguindo estas ideias, obtemos:

```
f(Z):- gn(X), gv(Y), append(X,Y,Z).

gn(Z):- det(X), n(Y), append(X,Y,Z).

gv(Z):- v(X), gn(Y), append(X,Y,Z).

gv(Z):- v(Z).

det([o]).
det([um]).

n([homem]).
n([urso]).

v([mata]).
```

A correspondência entre regras GLC e o código Prolog deve ser evidente. E para usar este programa como um reconhecedor basta avaliar os objetivos óbvios. Por exemplo:

```
?- f([um,homem,mata,um,urso]).
yes
```

No entanto, uma vez que se trata de um simples programa declarativo Prolog, pode fazer-se mais do que isto: podemos também gerar todas as frases que esta gramática produz. A gramática apresentada gera 20 frases. Eis as primeiras cinco:

```
?- f(X).

X = [o,homem,mata,o,homem] ;

X = [o,homem,mata,o,urso] ;
```

7.1. GRAMÁTICAS LIVRES DE CONTEXTO

```
X = [o,homem,mata,um,homem] ;

X = [o,homem,mata,um,urso] ;

X = [o,homem,mata]
```

Não estamos apenas restringidos a fazer perguntas acerca de frases: podemos também fazer perguntas acerca de outras categorias gramaticais. Por exemplo:

```
?- gn([um,homem]).
yes
```

Podemos também gerar grupos nominais avaliando o seguinte objetivo:

```
?- gn(X).
```

Dispomos assim de um programa simples e fácil de compreender que corresponde à gramática GLC dada de um modo óbvio. Adicionalmente, se acrescentarmos mais regras a esta gramática, será fácil alterar o programa para incorporar estas regras.

Mas há um problema: o programa não utiliza a frase de entrada para guiar a pesquisa. Use trace para avaliar o objetivo f([um,urso,mata]) e constatará que o programa escolhe grupos nominais e grupos verbais, e só ulteriormente verifica se eles podem ser combinados para formar a frase [um,urso,mata]. Por exemplo, o Prolog descobre que [o,homem] é um grupo nominal e que [mata,o,homem] é um grupo verbal, e só depois tenta verificar se concatenando estas listas obtém [um,urso,mata], o que, como é evidente, não acontece. Então, o Prolog retrocede, e tenta de seguida verificar se concatenando o grupo nominal [o,homem] com o grupo verbal [mata,o,urso] obtém [um,urso,mata], o que de novo não acontece. Prosseguirá deste modo até que (finalmente) produz o grupo nominal [um,urso] e o grupo verbal [mata]. O problema é que gn(X) e gv(Y) são invocados com variáveis não instanciadas como argumentos.

Podemos trocar as regras de modo a que o primeiro objetivo seja append:

```
f(Z):- append(X,Y,Z), gn(X), gv(Y).

gn(Z):- append(X,Y,Z), det(X), n(Y).

gv(Z):- append(X,Y,Z), v(X), gn(Y).

gv(Z):- v(Z).
```

```
det([o]).
det([um]).

n([homem]).
n([urso]).

v([mata]).
```
Neste caso usa-se **append/3** para decompor a lista de entrada. Como consequência, as variáveis X e Y são instanciadas, pelo que os outros objetivos são invocados com argumentos instanciados. No entanto, este programa continua a não ser muito interessante: usa muitas vezes **append/3** e, pior ainda, usa **append/3** com variáveis não instanciadas nos dois primeiros argumentos. Vimos no capítulo anterior que esta situação é uma fonte de ineficiência. Com efeito, o desempenho deste reconhecedor é mau. Usar **trace** para avaliar o que realmente acontece quando este programa analisa um frase como *um homem mata um urso* pode ser bastante elucidativo. Como o leitor verá, apenas um número reduzido de passos são dedicados à tarefa de reconhecer as frases: a maior parte é dedicada a decompor listas, usando **append/3**. Isto não constitui um grande problema no que respeita à gramática que apresentámos, mas tal não é o caso se considerarmos uma gramática mais realista, capaz de gerar um grande número de frases. É necessário fazer algo para melhorar esta situação.

Reconhecimento com listas de diferença

Podemos obter uma implementação mais eficiente recorrendo às *listas de diferença*. Esta é uma técnica sofisticada (e elegante) da programação em Prolog que pode ser usada em muitas situações.

A ideia principal subjacente às listas de diferença é a representação da informação acerca das categorias gramaticais não como uma simples lista, mas como a diferença entre duas listas. Por exemplo, em vez de se representar *um homem mata um urso* por [um,homem,mata,um,urso] podemos fazê-lo usando o par de listas

```
[um,homem,mata,um,urso] [].
```

A primeira lista pode ser vista como o *que é necessário avaliar* (ou, se preferirmos: a *lista de entrada*), e a segunda lista como *o que falta analisar* (ou: a *lista de saída*). Analisada desta perspetiva (procedimental), a lista de diferença

```
[um,homem,mata,um,urso] []
```

representa a frase *um homem mata um urso* uma vez que: *Consumindo todos os símbolos na lista da esquerda, e deixando por analisar os símbolos na lista*

7.1. GRAMÁTICAS LIVRES DE CONTEXTO

da direita, então obtém-se a frase em que estamos interessados. Isto é, a frase em que estamos interessados é a diferença entre o conteúdo destas duas listas.

E é tudo o que precisamos de saber acerca de listas de diferença para reescrever o reconhecedor. Se tivermos presente a ideia de consumir algo e deixar algo por avaliar, obtém-se o seguinte reconhecedor:

```
f(X,Z):- gn(X,Y), gv(Y,Z).

gn(X,Z):- det(X,Y), n(Y,Z).

gv(X,Z):- v(X,Y), gn(Y,Z).

gv(X,Z):- v(X,Z).

det([o|W],W).
det([um|W],W).

n([homem|W],W).
n([urso|W],W).

v([mata|W],W).
```

Vejamos as regras com cuidado. Por exemplo, a f regra afirma: *Sei que o par de listas X e Z representam a frase se (1) posso consumir X e deixar por analisar Y, e o par X e Y representa um grupo nominal, e (2) posso prosseguir, consumindo Y deixando Z por analisar, e o par Y Z representa um grupo verbal.* A regra gn e a segunda das regras gv funcionam de modo semelhante.

A mesma ideia está subjacente à forma como esta gramática analisa as palavras. Por exemplo,

```
n([urso|W],W).
```

significa que estamos a manipular *urso* como a diferença entre [urso|W] e W. Com efeito, a diferença entre o que foi consumido e o que foi deixado por analisar é precisamente a palavra urso.

À primeira vista, este código pode parecer mais difícil de compreender que o anterior reconhecedor. Mas note-se que se ganhou algo importante: *não usámos* append/3. No reconhecedor baseado nas listas de diferença, tal não é necessário, e isto faz toda a diferença.

Como usar este reconhecedor? As frases são reconhecidas do seguinte modo:

```
?- f([um,homem,mata,um,urso],[]).
yes
```

Com este objetivo estamos a perguntar se se consegue obter uma frase consumindo os símbolos em [um,homem,mata,um,urso], não deixando nada para trás. De igual modo, para gerar todas as frases da gramática, basta avaliar

```
?- f(X,[]).
```

Este objetivo pergunta: que valores pode X assumir de modo a obtermos uma frase que consuma todos os símbolos em X, não deixando nada para trás?

Os objetivos relativos às outras construções funcionam do mesmo modo. Por exemplo, para determinar se *um homem* é um grupo nominal, usa-se o objetivo

```
?- gn([um,homem],[]).
```

Geram-se todos os grupos nominais da gramática como se segue:

```
?- gn(X,[]).
```

O leitor deverá verificar, usando `trace`, o que acontece quando este programa analisa uma frase como *um homem mata um urso*. Irá constatar que é muito mais eficiente do que o programa baseado em `append/3`. Como não se utiliza `append/3`, o resultado da avaliação é mais fácil de compreender. Foi assim dado um grande passo em frente.

Por outro lado, há que admitir que este segundo reconhecedor não é tão fácil de compreender, pelo menos numa primeira fase, e não é prático ter de manter informação acerca de todas as variáveis relativas às listas de diferença. Era bom que fosse possível escrever um reconhecedor tão simples quanto o primeiro e tão eficiente quanto o segundo. E, com efeito, tal *é* possível: é aqui que aparecem as GCDs.

7.2 Gramáticas de cláusulas definidas

O que são afinal as GCDs? Muito simplesmente, são uma notação útil para escrever gramáticas que permite esconder as variáveis correspondentes às listas de diferença. Vejamos três exemplos.

Primeiro exemplo

Como primeiro exemplo, considere-se a gramática inicial escrita como uma GCD:

```
f --> gn,gv.
```

7.2. GRAMÁTICAS DE CLÁUSULAS DEFINIDAS

```
gn --> det,n.

gv --> v,gn.
gv --> v.

det --> [o].
det --> [um].

n --> [homem].
n --> [urso].

v --> [mata].
```

A relação com a gramática livre de contexto inicial deve ser imediata. Esta é talvez a notação mais fácil de usar apresentada até agora. Como se usa esta GCD? Usa-se *exatamente* como se usou o reconhecedor baseado em listas de diferença. Por exemplo, para determinar se *um homem mata um urso* é uma frase avalia-se o objetivo

```
?- f([um,homem,mata,um,urso],[]).
```

Ou seja, tal como no reconhecedor baseado em listas de diferença, pergunta-se se se pode obter uma frase consumindo todos os símbolos que se encontram em [um,homem,mata,um,urso], não deixando nada para trás.

De modo análogo, para gerar todas as frases da gramática, basta avaliar

```
?- f(X,[]).
```

Este objetivo pergunta quais os valores que X pode assumir de modo a obter-se uma frase que consuma os símbolos em X, não deixando nada para trás.

Uma vez mais, os objetivos relativos às outras construções gramaticais funcionam do mesmo modo. Por exemplo, para determinar se *um homem* é um grupo nominal, avalia-se o objetivo

```
?- gn([um,homem],[]).
```

Geram-se todos os grupos nominais da gramática como se segue:

```
?- gn(X,[]).
```

O que é que está a acontecer? Esta GCD é, muito simplesmente, o nosso reconhecedor de listas de diferença! Por outras palavras, a notação GCD é, no essencial, açúcar sintático, uma notação útil para escrever gramáticas de um modo natural. Mas o Prolog traduz esta notação para as listas de diferença apresentadas anteriormente. Tem-se assim o melhor de dois mundos: uma notação simples e a eficiência das listas de diferença.

Há uma forma fácil de ver qual a tradução que o Prolog faz das regras de uma GCD. Suponha-se que temos a GCD acima referida (isto é, suponha-se que o Prolog já consultou as regras). Se avaliarmos

```
?- listing(f).
```

obtém-se

```
f(A,B) :-
    gn(A,C),
    gv(C,B).
```

É esta a tradução que o Prolog fez da regra f --> gn,gv. Observe-se que (a menos da escolha de variáveis) esta é exatamente a regra relativa a listas de diferença usada no segundo reconhecedor.

De igual modo, se se avaliar

```
?- listing(gn).
```

obtém-se

```
gn(A,B) :-
    det(A,C),
    n(C,B).
```

É esta a tradução que o Prolog fez da regra gn --> det,n. Uma vez mais, esta é exatamente a regra relativa a listas de diferença usada no segundo reconhecedor, a menos da escolha de variáveis.

Para obter a lista completa das traduções de todas as regras, basta avaliar

```
?- listing.
```

Convém observar que algumas implementações do Prolog traduzem regras como

```
det --> [o].
```

não para

```
det([o|W],W).
```

como usámos no reconhecedor baseado em listas de diferença, mas para

```
det(A,B) :-
    'C'(A,o,B).
```

Embora a notação seja diferente, a ideia é a mesma. Esta regra diz que se pode obter uma lista B a partir de uma lista A consumindo um o. Isto é, uma vez mais, uma representação de uma lista de diferença. Note-se que 'C' é um átomo.

7.2. GRAMÁTICAS DE CLÁUSULAS DEFINIDAS

Exemplo com regras recursivas

A gramática livre de contexto inicial gera apenas 20 frases. É no entanto fácil escrever gramáticas livres de contexto que geram um número infinito de frases: basta usar regras recursivas. Vejamos um exemplo. Adicionemos as seguintes regras à nossa gramática:

```
f -> f conj f
conj -> e
conj -> ou
conj -> mas
```

Estas regras permitem juntar tantas frases quantas quisermos usando as palavras *e*, *ou* e *mas*. Esta gramática classifica como gramaticais frases como *o homem mata o urso ou o urso mata o homem*.

Em princípio, é fácil transformar esta gramática numa GCD. Basta apenas adicionar as regras

```
f --> f,conj,f.

conj --> [e].
conj --> [ou].
conj --> [mas].
```

Mas há aqui um problema. O que é que o Prolog realmente *faz* com esta GCD? Vamos ver.

Comecemos por adicionar estas novas regras no *início* da base de conhecimento, antes da regra `f --> gn,gv`. O que é que acontece se avaliarmos o objetivo `s([um,homem,mata],[])`? O Prolog entra num ciclo infinito.

O leitor consegue perceber porquê? O Prolog traduz regras GCD para regras Prolog usuais. Se colocarmos a regra recursiva `f --> f,conj,f` na base de conhecimento antes da regra não recursiva `f --> gn,gv`, a base de conhecimento incluirá as duas regras Prolog seguintes, por esta ordem:

```
f(A, B) :-
      f(A, C),
      conj(C, D),
      f(D, B).

f(A, B) :-
      gn(A, C),
      gv(C, B).
```

Do ponto de vista declarativo, não há qualquer problema. Mas, do ponto de vista procedimental, vão existir problemas graves. Ao tentar usar a primeira regra, o Prolog encontra imediatamente o objetivo f(A,C), o qual tenta satisfazer usando a a primeira regra, após o que encontra imediatamente o objetivo f(A,C), que tenta satisfazer usando a primeira regra, e assim por diante. Assim, entra num ciclo infinito e não produz qualquer resultado relevante.

Adicionemos então a regra recursiva f --> f,conj,f no fim da base de conhecimento, de modo a que o Prolog encontre sempre primeiro a tradução da regra não recursiva. O que é que acontece agora quando se avalia o objetivo f([um,homem,mata],[])? Neste caso, o Prolog consegue dar uma resposta. Mas o que é que acontece quando se avalia o objetivo f([homem,mata],[])? Observe-se que esta frase é agramatical, dado que não é gerada pela gramática. O Prolog entra novamente num ciclo infinito. Uma vez que não é possível reconhecer [homem,mata] como uma frase constituída por um grupo nominal e por um grupo verbal, o Prolog tenta analisá-la com a regra f --> f,conj,f, dando origem a um ciclo infinito, tal como anteriormente.

Em resumo, estamos a encontrar os mesmos problemas que encontrámos quando estudámos recursão e a ordenação das regras e objetivos, no Capítulo 3. O que acontece é que a tradução da regra f --> f,conj,f é uma regra recursiva à esquerda o que, como vimos, é uma má notícia. Adicionalmente, vimos também que este problema *não pode* ser ultrapassado por simples modificação na ordem das regras: a solução passa por alterar a ordem dos objetivos da regra recursiva de modo a que o objetivo recursivo não seja o primeiro no corpo da regra. Ou seja, idealmente, deveríamos reescrever a regra de modo a que deixasse de ser recursiva à esquerda.

Embora seja uma boa ideia, infelizmente, não é opção neste caso. Porquê? Porque a ordem dos objetivos é determinada pela ordem das palavras na frase! É relevante, por exemplo, se a gramática gera *o homem mata o urso e o urso mata o homem* (f --> f,conj,f) ou se gera *e o homem mata o urso o urso mata o homem* (f --> conj,f,f).

Mas há uma solução. A solução mais comum consiste em acrescentar um novo símbolo não terminal e reescrever a GCD. Podemos, por exemplo, usar a categoria f_simples para frases que não incluem outras frases. A gramática é então:

```
f --> f_simples.
f --> f_simples,conj,f.
f_simples --> gn,gv.
gn --> det,n.
gv --> v,gn.
gv --> v.
det --> [o].
det --> [um].
n --> [homem].
```

```
n --> [urso].
v --> [mata].
conj --> [e].
conj --> [ou].
conj --> [mas].
```

O leitor deverá verificar que o Prolog não entra em ciclos infinitos com esta gramática ao contrário do que acontecia com a anterior. Do ponto de vista computacional, esta solução é satisfatória. Mas deixa um pouco a desejar do ponto de vista linguístico. A GCD que dava origem a ciclos infinitos era fiel às intuições linguísticas relativas à estrutura das frases envolvendo *e*, *ou*, e *mas*. A nova GCD adiciona mais um nível na estrutura, o qual é motivado por razões computacionais e não por razões linguísticas; já não estamos apenas a traduzir uma gramática para Prolog.

A moral da história: as GCDs não são mágicas. Constituem uma notação útil, mas não se pode esperar que, escrevendo uma GLC arbitária como uma GCD, esta funcione sem problemas. As regras da GCD são regras Prolog disfarçadas, e isto significa que há que ter atenção ao que o interpretador de Prolog faz com elas e, em particular, ter cuidado com recursão à esquerda.

Uma GCD para uma linguagem formal simples

Como último exemplo, vamos definir uma GCD para a linguagem formal $a^n b^n$. Que linguagem é esta? E o que é uma linguagem formal?

Uma linguagem formal é simplesmente um conjunto de sequências de caracteres. A expressão "linguagem formal" é usada por oposição à expressão "linguagem natural": enquanto as linguagens naturais são linguagens que os seres humanos utilizam, as linguagens formais são objetos matemáticos definidos e estudados por cientistas da computação, lógicos e matemáticos para os mais variados fins.

Um exemplo simples de uma linguagem formal é $a^n b^n$. As palavras desta linguagem são construídas a partir de dois símbolos: o símbolo a e o símbolo b. Com efeito, a linguagem $a^n b^n$ é constituída por todas as sequências escritas com estes símbolos que têm a seguinte forma: a sequência tem de ser constituída por um bloco de as de comprimento n, seguido de um bloco de bs de comprimento n, e nada mais. Por exemplo, as sequências *ab*, *aabb*, *aaabbb* e *aaaabbbb* pertencem todas a $a^n b^n$. (observe-se que a sequência vazia também pertence a $a^n b^n$: de facto, a sequência vazia é constituída por um bloco de as de comprimento zero, seguido de um bloco de bs de comprimento zero.) Por outro lado, *aba* e *abba* não pertencem $a^n b^n$.

É fácil escrever uma gramática livre de contexto para gerar esta linguagem:

```
s -> ε
s -> e s d
e -> a
d -> b
```

A primeira regra diz que uma palavra da linguagem pode ser a sequência vazia. A segunda regra diz que um *s* pode ser constituído por um elemento *e* (esquerdo), seguido de um *s*, seguido de um elemento *d* (direito). As duas últimas regras dizem que os elementos *e* e os elementos *d* podem ser concretizados como *a*s e *b*s respetivamente. Deve ser claro que esta gramática gera de facto todos os elementos de $a^n b^n$ e apenas esses, incluindo a sequência vazia.

É fácil transformar esta gramática numa GCD. Por exemplo:

```
s --> [].
s --> e,s,d.

e --> [a].
d --> [b].
```

Note-se que a segunda regra é recursiva (mas, felizmente, não é recursiva à esquerda). E, com efeito, esta GCD funciona exatamente como esperado. Por exemplo, ao avaliar

```
?- s([a,a,a,b,b,b],[]).
```

obtém-se a resposta yes, enquanto que ao avaliar

```
?- s([a,a,a,b,b,b,b],[]).
```

se obtém a resposta no. O objetivo

```
?- s(X,[]).
```

enumera as sequências da linguagem, começando por [].

7.3 Exercícios

Exercício 7.1 Considere-se a seguinte GCD:

```
s   --> foo,bar,wiggle.
foo --> [choo].
foo --> foo,foo.
bar --> mar,zar.
mar --> me,my.
me  --> [i].
```

```
my     --> [am].
zar    --> blar,car.
blar   --> [a].
car    --> [train].
wiggle --> [toot].
wiggle --> wiggle,wiggle.
```

Escreva as regras Prolog correspondentes às regras desta GCD. Quais são as primeiras três respostas que o Prolog dá quando se avalia o objetivo `s(X,[])`?

Exercício 7.2 A linguagem formal $a^n b^n - \{\epsilon\}$ é constituída por todas as sequências em $a^n b^n$ com a exceção da sequência vazia. Escreva uma GCD que gere esta linguagem. $\boxed{\mathcal{E}}$

Exercício 7.3 Seja $a^n b^{2n}$ a linguagem formal que inclui todas as sequências com a seguinte forma: um bloco de *a*s de comprimento n, seguido de um bloco de *b*s de comprimento $2n$, e nada mais. Por exemplo, *abb*, *aabbbb* e *aaabbbbbb* pertencem a $a^n b^{2n}$, tal como pertence a sequência vazia. Escreva uma GCD que gere esta linguagem. $\boxed{\mathcal{E}}$

7.4 Sessão prática

O objetivo desta sessão é ajudar o leitor a familiarizar-se com as GCDs, as listas de diferença, bem como a relação entre elas, e ganhar alguma experiência na escrita de GCDs simples. Como se verá no próximo capítulo, as GCDs não se resumem aos aspetos discutidos até agora. O que o leitor aprendeu até agora são os conceitos básicos, e é importante que se sinta à vontade com estes conceitos antes de prosseguir.

Comecemos por alguns exercícios simples:

1. Escreva, ou descarregue, os reconhecedores referidos no texto que são baseados no predicado `append/3`, e avalie alguns objetivos usando `trace`. Como irá observar, não estávamos a exagerar quando dissemos que o seu desempenho não era bom. Mesmo no caso de frases simples como *o homem mata um urso*, irá constatar que os resultados são longos e difíceis de compreender.

2. Em seguida, escreva ou descarregue o reconhecedor baseado em listas de diferença, e avalie mais alguns objetivos usando `trace`. Irá constatar que há um aumento significativo de eficiência. Para além disso, irá também constatar que os resultados são *fáceis* de compreender, em particular quando comparados com os monstros produzidos pelas implementações baseadas em `append/3`.

3. Em seguida, escreva ou descarregue a GCD estudada no texto. Escreva `listing` para poder ver como o Prolog traduz as regras. Como é que o seu sistema traduz regras da forma `det --> [o]`? Isto é, traduze-as para regras como `det([o|X],X)`, ou recorre a regras contendo o predicado `'C'`?

4. Avalie agora alguns objetivos usando `trace`. A menos dos nomes das variáveis, os resultados obtidos devem ser semelhantes aos obtidos quando se utilizou o reconhecedor baseado em listas de diferenças.

Seguem-se alguns exercícios sobre GCDs:

1. A linguagem formal *Par* é muito simples: é constituída por todas as sequências que contêm um número par de *a*s, e nada mais. Note que a sequência vazia ϵ pertence a *Par*. Escreva uma GCD que gere *Par*.

2. A linguagem formal $a^n b^{2m} c^{2m} d^n$ é constituída por todas as sequências com a seguinte forma: um bloco de *a*s, seguido de um bloco de *b*s, seguido de um bloco de *c*s, seguido de um bloco de *d*s, tal que o bloco de *a*s e o de *d*s têm exatamente o mesmo comprimento, e o bloco de *b*s e o de *c*s também têm o mesmo comprimento, que tem de ser par. Por exemplo, ϵ, *abbccd* e *aabbbbccccdd* pertencem todas a $a^n b^{2m} c^{2m} d^n$. Escreva uma GCD que gere esta linguagem.

3. A linguagem a que os lógicos chamam "lógica proposicional sobre os símbolos proposicionais *p*, *q* e *r*" pode ser definida pela seguinte gramática livre de contexto:

$$\begin{aligned}
&\text{prop} \to \text{p} \\
&\text{prop} \to \text{q} \\
&\text{prop} \to \text{r} \\
&\text{prop} \to \neg\ \text{prop} \\
&\text{prop} \to (\text{prop} \land \text{prop}) \\
&\text{prop} \to (\text{prop} \lor \text{prop}) \\
&\text{prop} \to (\text{prop} \to \text{prop})
\end{aligned}$$

Escreva uma GCD que gere esta linguagem. Na verdade, como ainda não sabemos tratar operadores em Prolog, vai ser necessário fazer alguns compromissos de aspeto estranho. Por exemplo, em vez de reconhecer

$$\neg(p \to q)$$

terá de reconhecer coisas como

7.4. SESSÃO PRÁTICA

[nao, '(', p, implica, q, ')']

No Capítulo 9 vamos aprender a trabalhar com lógica proposicional de um modo mais natural; por enquanto, escreva uma GCD para esta versão da linguagem. Use *ou* para ∨, e *e* para ∧.

Capítulo 8

Mais sobre gramáticas de cláusulas definidas

> Este capítulo tem dois objetivos principais:
> 1. Estudar duas características importantes da notação GCD: argumentos adicionais e objetivos adicionais.
> 2. Discutir o estatuto e as limitações das GCDs.

8.1 Argumentos adicionais

No capítulo anterior apresentámos a notação básica das GCDs. Mas as GCDs permitem fazer mais do que o que se viu até ao momento. Permitem, por exemplo, especificar argumentos adicionais. Estes argumentos adicionais têm diversos fins; examinaremos três deles.

GLCs com características adicionais

Como primeiro exemplo[1] vejamos como se podem usar argumentos para adicionar algumas características às gramáticas livres de contexto.

Considere-se a seguinte GCD semelhante à considerada no capítulo anterior:

```
f --> gn,gv.

gn --> det,n.

gv --> v,gn.
gv --> v.

det --> [the].
det --> [a].

n --> [woman].
n --> [man].

v --> [shoots].
```

Suponha-se que se pretende manipular frases como "She shoots him", e "He shoots her". O que fazer? É óbvio que há que juntar regras que indiquem que "he", "she", "him", e "her" são pronomes:

```
pro --> [he].
pro --> [she].
pro --> [him].
pro --> [her].
```

Para além disso, devemos também juntar uma regra que indique que um grupo nominal pode ser um pronome:

```
gn --> pro.
```

---

[1]NdT: Optou-se por não traduzir integralmente o exemplo para manter a intenção do texto original.

8.1. ARGUMENTOS ADICIONAIS

Será que esta GCD serve para o fim pretendido? Até certo ponto, sim. Por exemplo:

```
?- f([she,shoots,him],[]).
yes
```

Mas há um problema óbvio. A GCD também vai gerar frases que não estão corretas em inglês, tais como "A woman shoots she", "Her shoots a man", e "Her shoots she":

```
?- f([a,woman,shoots,she],[]).
yes

?- f([her,shoots,a,man],[]).
yes

?- f([her,shoots,she],[]).
yes
```

Ou seja, a gramática não sabe que "she" e "he" são pronomes pessoais que não podem ser usados na função de complemento; assim, "A woman shoots she" não está correta porque viola este princípio básico da língua inglesa. Para além disso, a gramática também não sabe que "her" e "him" são pronomes pessoais que não podem ser usados na função de sujeito; assim "Her shoots a man" não está correta porque viola este princípio. Por seu lado, "Her shoots she" consegue violar simultaneamente ambos os princípios.

É agora óbvio *o que* se deve fazer para corrigir esta situação: há que estender a GCD com informação acerca de quais os pronomes que podem ocorrer na função de sujeito e quais os que podem ocorrer na função de complemento. A pergunta interessante é a seguinte: *como* é que fazemos isto? Vejamos uma primeira solução para corrigir este problema na qual se juntam novas regras:

```
s --> gn_sujeito,gv.

gn_sujeito --> det,n.
gn_complemento --> det,n.
gn_sujeito --> pro_sujeito.
gn_complemento --> pro_complemento.

gv --> v,gn_complemento.
gv --> v.

det --> [the].
det --> [a].
```

```
n --> [woman].
n --> [man].

pro_sujeito --> [he].
pro_sujeito --> [she].
pro_complemento --> [him].
pro_complemento --> [her].

v --> [shoots].
```

Esta solução "funciona". Por exemplo,

```
?- f([her,shoots,she],[]).
no
```

Mas nem um cientista da computação nem um linguista consideraria esta uma boa solução. O problema é que uma pequena alteração no léxico conduziu a uma grande alteração na GCD. Com efeito, "she" e "her" (e "he" e "him") são a mesma coisa sob muitos aspetos. Mas para tratar aquilo em que são diferentes (em particular, em que função sintática podem surgir numa frase) foi necessário fazer grandes alterações na gramática: foi necessário, por exemplo, duplicar o número de regras para os grupos nominais. Se fosse necessário fazer mais alterações (para tratar o plural, por exemplo) a situação agravar-se-ia. O que é realmente preciso é um mecanismo de programação mais refinado que permita tratar estes casos sem obrigar a acrescentar sistematicamente novas regras. É neste contexto que surgem os argumentos adicionais. Considere-se a gramática seguinte:

```
s --> gn(sujeito),gv.

gn(_) --> det,n.
gn(X) --> pro(X).

gv --> v,gn(complemento).
gv --> v.

det --> [the].
det --> [a].

n --> [woman].
n --> [man].
```

8.1. ARGUMENTOS ADICIONAIS

```
pro(sujeito) --> [he].
pro(sujeito) --> [she].
pro(complemento) --> [him].
pro(complemento) --> [her].

v --> [shoots].
```

O que mais importa destacar é que esta nova gramática contém apenas uma nova regra para o grupo nominal. Com efeito, é muito semelhante à apresentada no início do capítulo, mas agora ao símbolo **gn** está associado um novo argumento que pode ser `sujeito`, `complemento`, _ ou X. Um linguista diria que se adicionaram algumas características às gramáticas para distinguir diferentes tipos de grupos nominais. Observe-se, em particular, as quatro regras para os pronomes. Neste caso, usou-se o argumento adicional para indicar quais os pronomes que podem ter a função de sujeito e quais os pronomes que podem ter a função de complemento. Assim, estas são as regras fundamentais, dado que indicam os factos básicos acerca de como estes pronomes podem ser usados.

O que indicam então as outras regras? Intuitivamente, a regra

```
gn(X) --> pro(X).
```

usa o argumento adicional (a variável X) para passar estes factos básicos acerca dos pronomes para os grupos nominais construídos a partir destes: uma vez que a variável X é usada com argumento adicional tanto para o grupo nominal como para o pronome, a unificação vai garantir que ambos os argumentos assumem o mesmo valor. Em particular, se usarmos o pronome "she" (caso em que X=sujeito), então o grupo nominal vai (através do seu argumento adicional X=sujeito) ser identificado como grupo nominal na função de sujeito. Por outro lado, se usarmos o pronome "her" (caso em que X=complemento), então o argumento adicional do grupo nominal vai ser também instanciado com X=complemento. Este é exatamente o comportamento pretendido.

Apesar de os grupos nominais construídos usando a regra

```
gn(_) --> det,n.
```

também terem um argumento adicional, neste caso foi usada a variável anónima. Essencialmente, isto significa que *pode ser qualquer valor*, o que está correto pois expressões construídas usando esta regra (por exemplo, "the man" e "a woman") podem ser usadas quer na função de sujeito, como na função de complemento.

Considere-se agora a regra

```
gv --> v,gn(complemento).
```

Esta regra indica que para poder ser aplicada é necessário usar um grupo nominal cujo argumento adicional unifique com complemento. Este pode ser *quer* um grupo nominal construído a partir de um pronome na função de complemento *quer* um grupo nominal tal como "the man" e "a woman" em que o argumento adicional é a variável anónima. É importante notar que os pronomes cujo argumento adicional é sujeito *não podem* ser aqui usados: os átomos complemento e sujeito não são unificáveis. Observe-se que a regra

```
f--> gn(sujeito),gv.
```

funciona de modo semelhante impedindo que grupos nominais que usem pronomes na função de complemento sejam usados na função de sujeito.

Isto funciona. O leitor pode confirmar avaliando

```
?- f(X,[]).
```

Ao analisar as várias respostas irá constatar que apenas são geradas frases correctas em língua inglesa.

Muito embora esta explicação intuitiva esteja correta, o que é que está *realmente* a acontecer? É importante recordar que as regras da GCD são apenas abreviaturas úteis. Por exemplo, a regra

```
f --> gn,gv.
```

é apenas açúcar sintático para

```
f(A,B) :-
    gn(A,C),
    gv(C,B).
```

Ou seja, tal como vimos no capítulo anterior, a notação das GCDs constitui uma forma de esconder os dois argumentos responsáveis pela representação das listas de diferença, para que não nos tenhamos de preocupar com elas. Usamos esta notação e o Prolog faz a tradução para as cláusulas acima indicadas.

Claro que é óbvio que teremos que perguntar qual a tradução de

```
f --> gn(sujeito),gv.
```

A resposta é

```
f(A,B) :-
    gn(sujeito,A,C),
    gv(C,B).
```

Como deve ser agora claro, a designação "argumento adicional" é uma designação adequada: como esta tradução ilustra, o símbolo sujeito *é* apenas mais um argumento na regra Prolog. De modo análogo, a tradução das regras relativas ao grupo nominal é

8.1. ARGUMENTOS ADICIONAIS

```
gn(A,B,C) :-
    det(B,D),
    n(D,C).
gn(A,B,C) :-
    pro(A,B,C).
```

Observe-se que ambas as regras têm *três* argumentos. O primeiro, A, é o argumento adicional, e os outros dois são os argumentos escondidos pela GCD (os dois argumentos escondidos são sempre os últimos dois).

Como é que o leitor acha que se poderá usar a gramática para listar todos os grupos nominais? Se estivéssemos a usar a regra gn --> det,n (ou seja, a regra sem argumentos adicionais) avaliaríamos

```
?- gn(GN,[]).
```

Assim, tendo em conta o que foi referido acerca dos argumentos adicionais, não é de estranhar que seja necessário avaliar

```
?- gn(X,GN,[]).
```

quando se trabalha com a última GCD. A resposta seria:

```
X = _2625
GN = [the,woman] ;

X = _2625
GN = [the,man] ;

X = _2625
GN = [a,woman] ;

X = _2625
GN = [a,man] ;

X = sujeito
GN = [he] ;

X = sujeito
GN = [she] ;

X = complemento
GN = [him] ;

X = complemento
```

```
GN = [her] ;

no
```

Uma nota final: o leitor não se deve deixar iludir pela simplicidade da gramática apresentada. Os argumentos adicionais podem ser usados para tratar algumas questões sintáticas complexas. As GCDs já não são as ferramentas de desenvolvimento mais atuais, mas também não são simples brinquedos. A partir do momento em que saiba escrever GCDs com argumentos adicionais, o leitor conseguirá escrever também gramáticas mais sofisticadas.

Construção de árvores de análise sintática

Até agora os programas que estudámos têm permitido o *reconhecimento* da estrutura gramatical (ou seja, respondiam corretamente yes ou no quando se perguntava se uma certa expressão era uma frase, um grupo nominal, e assim por diante) e a *geração* de expressões geradas pelas gramáticas. Isto é útil, mas gostaríamos também de fazer *análise sintática*. Ou seja, gostaríamos que os nossos programas não só nos dissessem *quais* as frases gramaticais, mas nos permitissem também fazer uma análise da sua estrutura. Em particular, gostaríamos de ver as árvores que a gramática associa às frases.

Utilizando apenas o Prolog usual não é possível desenhar árvores, mas *podemos* construir estruturas de dados que descrevem árvores de uma forma clara. Por exemplo, associado à árvore

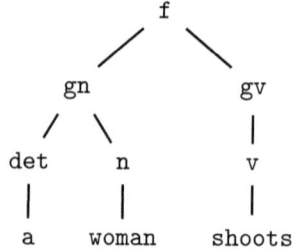

podemos ter o termo seguinte:

```
f(gn(det(a),n(woman)),gv(v(shoots))).
```

Claro que não tem tão bom *aspeto*, mas toda a informação na figura está lá. Para além disso, com o auxílio de um pacote gráfico razoável, seria fácil converter este termo numa figura.

Mas como fazer com que as GCDs construam estes termos? Na verdade, é muito fácil. Com efeito, uma GCD tem de ir descobrindo a estrutura da árvore à medida que vai analisando uma frase. Assim, basta encontrar uma forma de

8.1. ARGUMENTOS ADICIONAIS

ir registando a estrutura que vai sendo descoberta pela GCD. Isto consegue-se acrescentando argumentos adicionais. Vejamos como:

```
f(f(GN,GV)) --> gn(GN),gv(GV).

gn(gn(DET,N)) --> det(DET),n(N).

gv(gv(V,GN)) --> v(V),gn(GN).
gv(gv(V))    --> v(V).

det(det(the)) --> [the].
det(det(a))   --> [a].

n(n(woman)) --> [woman].
n(n(man))   --> [man].

v(v(shoots)) --> [shoots].
```

O que está a acontecer aqui? No fundo, estamos a construir as árvores de análise sintática para as categorias sintáticas do lado esquerdo das regras a partir das árvores de análise sintática para as categorias sintáticas do lado direito das regras. Considere-se a regra gv(gv(V,GN)) --> v(V),gn(GN). Quando se avalia um objetivo usando esta GCD, a variável V em v(V) e a variável GN em gn(GN) serão instanciadas com termos que representam árvores de análise sintática. Por exemplo, V poderá ser instanciada com

```
v(shoots)
```

e GN com

```
gn(det(a),n(woman)).
```

Qual é o termo correspondente ao grupo verbal que se obtém destas duas estruturas? Deverá ser, obviamente

```
gv(v(shoots),gn(det(a),n(woman))).
```

É precisamente isto que nos devolve o argumento adicional gv(V,GN) na regra gv(gv(V,GN)) --> v(V),gn(GN): um termo cujo functor é gv, e cujo primeiro e segundo argumentos são os valores V e GN, respetivamente. Informalmente: liga os termos V e GN usando o functor gv.

Para fazer a análise sintática de "a woman shoots" avaliamos

```
?- f(A,[a,woman,shoots],[]).
```

Ou seja, pretendemos que o argumento adicional A seja instanciado com uma árvore de análise sintática para a frase. Obtém-se

```
A = f(gn(det(a),n(woman)),gv(v(shoots)))
yes
```

Para além disso, podemos gerar todas as árvores de análise sintática avaliando

```
?- f(A,F,[]).
```

As três primeiras respostas são

```
A = f(gn(det(the),n(woman)),
      gv(v(shoots),gn(det(the),n(woman))))
F = [the,woman,shoots,the,woman] ;

A = f(gn(det(the),n(woman)),
      gv(v(shoots),gn(det(the),n(man))))
F = [the,woman,shoots,the,man] ;

A = f(gn(det(the),n(woman)),
      gv(v(shoots),gn(det(a),n(woman))))
F = [the,woman,shoots,a,woman]
```

Em resumo, vimos um exemplo elegante (e útil) de como construir estrutura usando unificação.

Os argumentos adicionais podem também ser usados para construir representações semânticas. No entanto, nada dissemos acerca do que significam as palavras na nossa pequena GCD. Com efeito, hoje em dia há um grande conhecimento acerca da semântica das linguagens naturais, e é surpreendentemente fácil construir representações semânticas que capturam parte do significado de frases ou mesmo de discursos inteiros. Estas representações são usualmente expressões de alguma linguagem formal (por exemplo, lógica de primeira ordem, estruturas de representação do discurso, ou linguagens de consulta de bases de dados) e são usualmente construídas composicionalmente. Isto é, o significado de uma dada palavra é expresso na linguagem formal; este significado é atribuído através de um argumento adicional nas entradas da GCD para as palavras. De seguida, em cada regra na gramática há um argumento adicional que indica como combinar o significado das duas subcomponentes. Por exemplo, acrescentar-se-ia um argumento adicional à regra f --> gn, gv indicando como combinar o significado de gn e o significado de gv para obter o significado de f. Apesar de ser mais complexo, o processo de construção da semântica é semelhante à forma como se constrói a árvore de análise sintática para a frase a partir das árvores de análise sintática das subcomponentes.[2]

---

[2]Para uma descrição mais detalhada, ver *Representation and Inference for Natural Language: A First Course in Computational Semantics*, Patrick Blackburn e Johan Bos, CSLI Publications, 2005.

Para além das linguagens livres de contexto

No capítulo anterior apresentámos as GCDs como uma ferramenta útil do Prolog para representar e trabalhar com gramáticas livres do contexto. Isto é uma forma possível de ver as GCDs, mas não é a única. Com efeito, as GCDs podem ser usadas em muito mais situações para além das linguagens livres de contexto. Os argumentos adicionais que têm vindo a ser estudados (e mesmo os objetivos adicionais que serão apresentados adiante) permitem-nos tratar qualquer linguagem computável. Ilustraremos este facto através de uma GCD muito simples para a linguagem formal $a^n b^n c^n$.

A linguagem formal $a^n b^n c^n$ é constituída por todas as sequências de a's, b's, e c's que começam com um bloco de a's, seguido de um bloco de b's, seguido de um bloco de c's, tendo os três blocos o mesmo comprimento. Por exemplo, abc, aabbcc e aaabbbccc pertencem a $a^n b^n c^n$.

O facto interessante acerca desta linguagem é que *não* é livre de contexto. O leitor poderá tentar tudo o que quiser, mas não vai conseguir escrever uma gramática livre de contexto que gere exatamente estas sequências. A demonstração desta afirmação sai fora do âmbito deste texto, mas não é particularmente difícil e poderá ser encontrada num qualquer livro sobre linguagens formais.

Por outro lado, como veremos, é muito fácil escrever uma GCD que gera esta linguagem. Tal como no capítulo anterior, vamos representar as sequências por listas; por exemplo, a sequência abc irá ser representada pela lista [a,b,c]. Com esta convenção, a GCD pretendida é:

```
s(Cont) --> bloco_a(Cont),bloco_b(Cont),bloco_c(Cont).

bloco_a(0) --> [].
bloco_a(suc(Cont)) --> [a],bloco_a(Cont).

bloco_b(0) --> [].
bloco_b(suc(Cont)) --> [b],bloco_b(Cont).

bloco_c(0) --> [].
bloco_c(suc(Cont)) --> [c],bloco_c(Cont).
```

A ideia subjacente a esta GCD é simples: usa-se um argumento adicional para registar informação acerca do comprimento dos blocos. A regra s indica que pretendemos um bloco de a's, seguido de um bloco de b's, seguido de um bloco de c's, todos com o mesmo comprimento Cont.

Quais deverão ser os valores de Cont? A resposta óbvia é: 1, 2, 3, 4, e assim por diante. Mas por enquanto não sabemos misturar GCDs e aritmética, pelo que esta descrição não é muito útil. Felizmente, como esta GCD mostra, há uma forma mais fácil (e mais elegante). Represente-se o número 0 por 0, o número 1 por `suc(0)`, o número 2 por `suc(suc(0))`, o número 3 por `suc(suc(suc(0)))`, e assim por diante, tal como no Capítulo 3 (como referido no Capítulo 3, pode ler-se `suc` como "sucessor de"). Esta notação permite-nos contar usando a unificação.

É precisamente isto que a nossa GCD faz. Por exemplo, suponha-se que se avalia

```
?- s(Cont,L,[]).
```

que pede ao Prolog para gerar as listas L de símbolos que pertencem a esta linguagem, e dar o valor de `Cont` necessário para gerar cada uma delas. As primeiras quatro respostas são:

```
Cont = 0
L = [] ;

Cont = suc(0)
L = [a, b, c] ;

Cont = suc(suc(0))
L = [a, a, b, b, c, c] ;

Cont = suc(suc(suc(0)))
L = [a, a, a, b, b, b, c, c, c]
```

O valor de `Cont` é naturalmente o comprimento dos blocos.

Em resumo: as GCDs não são apenas uma ferramenta para trabalhar com gramáticas livres de contexto. São estritamente mais poderosas que isso e (como acabámos de ver) uma parte deste poder provém do uso dos argumentos adicionais.

8.2 Objetivos adicionais

Qualquer regra de uma GCD é na verdade apenas açúcar sintático para uma regra Prolog. Assim, não é de admirar que se tenha permitido a utilização de argumentos adicionais. De modo análogo, não deve ser de admirar que se possa invocar qualquer predicado Prolog no lado direito de uma regra de uma GCD.

A GCD da secção anterior pode, por exemplo, ser adaptada por forma a ser possível usar números (em vez da sua representação com sucessores) através de chamadas às funcionalidades aritméticas pré-definidas em Prolog. Conta-se simplesmente quantos a's, b's e c's foram gerados. Eis o código:

8.2. OBJETIVOS ADICIONAIS

```
s --> bloco_a(Cont),bloco_b(Cont),bloco_c(Cont).

bloco_a(0) --> [].
bloco_a(NovoCont) --> [a],bloco_a(Cont),
                      {NovoCont is Cont + 1}.

bloco_b(0) --> [].
bloco_b(NovoCont) --> [b],bloco_b(Cont),
                      {NovoCont is Cont + 1}.

bloco_c(0) --> [].
bloco_c(NovoCont) --> [c],bloco_c(Cont),
                      {NovoCont is Cont + 1}.
```

Como o exemplo sugere, os objetivos adicionais podem ser escritos (em qualquer posição) no lado direito de uma regra da GCD, mas têm de ser escritos entre chavetas. Ao fazer a tradução de uma GCD para a sua representação interna, quando encontra tais chavetas o Prolog transfere os objetivos adicionais especificados entre essas chavetas para a tradução. Assim, a segunda regra para o símbolo não terminal `bloco_a` é traduzida para

```
bloco_a(NovoCont,A,B):-
  'C'(A, a, C),
  bloco_a(Cont, C, B),
  NovoCont is Cont + 1.
```

Se o leitor fizer algumas experiências com esta GCD notará que existem de facto alguns problemas. Ao contrário do que acontecia com a gramática apresentada na secção anterior, esta nova versão só funciona corretamente quando usada para fazer reconhecimento. Se tentar utilizá-la para gerar sequências, esta irá em algum momento entrar em ciclo infinito. Não vamos tentar resolver o problema aqui (aliás, achamos a versão baseada em `suc` mais elegante).

A possibilidade de adicionar objetivos Prolog arbitrários ao lado direito das regras de uma GCD tornam as GCDs muito poderosas (significa que podemos fazer tudo o que se pode fazer em Prolog). No entanto, em geral, esta não é uma potencialidade muito usada, o que sugere que a notação básica das GCDs foi bem concebida. Existe, no entanto, uma aplicação clássica dos objetivos adicionais em linguística computacional: com a ajuda de objetivos adicionais é possível separar as regras gramaticais da informação léxica. Vejamos como.

Separando as regras e o léxico

Vamos separar as regras e o léxico. Ou seja, vamos eliminar das nossas GCDs qualquer referência a palavras individuais, guardando, em vez disso, toda a informação acerca das palavras individuais num léxico. Para ilustrar o que isto significa, regressemos à nossa gramática básica:

```
f --> gn,gv.

gn --> det,n.

gv --> v,gn.
gv --> v.

det --> [o].
det --> [um].

n --> [homem].
n --> [urso].

v --> [mata].
```

Vamos agora escrever uma GCD que gere exatamente a mesma linguagem, mas na qual nenhuma regra menciona qualquer palavra individual. Toda a informação acerca das palavras individuais será armazenada separadamente.

Vejamos um exemplo (muito simples) de um léxico. As entradas deste léxico são codificadas usando um predicado `lex/2` cujo primeiro argumento é uma palavras e o segundo argumento é uma categoria sintática:

```
lex(o,det).
lex(um,det).
lex(homem,n).
lex(urso,n).
lex(mata,v).
```

Eis uma gramática simples que se pode construir usando este léxico. Na sua essência, é a mesma que a anterior. Com efeito, as únicas regras alteradas foram as que mencionavam palavras específicas, isto é, as regras para det, n e v:

```
f --> gn,gv.

gn --> det,n.

gv --> v,gn.
gv --> v.

det --> [Palavra],{lex(Palavra,det)}.
```

8.2. OBJETIVOS ADICIONAIS

```
n --> [Palavra],{lex(Palavra,n)}.
v --> [Palavra],{lex(Palavra,v)}.
```

Considere-se a regra para `det`. Esta regra afirma que "um `det` pode ser constituído por uma lista contendo um único elemento `Palavra`" (note-se que `Palavra` é uma variável). O objetivo adicional acrescenta a condição fundamental: "desde que `Palavra` seja unificável com algo que esteja listado no léxico como um determinante". De acordo com o nosso léxico atual, isto significa que `Palavra` tem de ser unificada com a palavra "o" ou "um'. Assim, esta única regra substitui as duas regras para `det` na GCD anterior.

Isto explica "como" separar as regras e o léxico, mas não explica "porquê". É assim tão importante? Será esta forma de escrever GCDs muito melhor?

A resposta é um inequívoco sim! É *muito* melhor, e por duas razões, pelo menos.

A primeira razão é de caráter teórico. É indiscutível que as regras não devem mencionar itens lexicais específicos. A função das regras é descrever factos *gerais* acerca da sintaxe, como por exemplo o facto de uma frase ser construída a partir de um grupo nominal seguido de um grupo verbal. As regras para `f`, `gn` e `gv` descrevem estes factos, mas as regras anteriores para `det`, `n` e `v` não o fazem. Em vez disso, estas regras anteriores listam simplesmente factos particulares: que "um" é um determinante, que "o" é um determinante, e assim por diante. Do ponto de vista teórico, é muito melhor ter uma única regra que afirma "qualquer coisa é um determinante (ou um nome, ou um verbo, ou uma outra qualquer categoria gramatical) se estiver listado como tal no léxico". É precisamente isto que afirmam as regras da nossa nova GCD.

A segunda razão tem um caráter mais prático. Uma das lições mais importantes que os linguistas computacionais aprenderam nos últimos vinte anos é que o léxico é, de longe, o mais interessante, importante (e caro!) repositório de conhecimento linguístico. Quem se pretender familiarizar com linguagem natural de um ponto de vista computacional vai ter de conhecer muitas palavras e muito acerca dessas palavras.

O nosso pequeno léxico, com as suas entradas `lex` binárias, é um simples brinquedo. Decididamente, um léxico real não é. Um léxico real é tipicamente muito grande (pode conter centenas de milhar de palavras) e, para além disso, a informação associada a cada palavra tende a ser muito elaborada. As nossas entradas `lex` apenas indicam a categoria sintática de cada palavra, mas num léxico real haverá muito mais informação, como por exemplo propriedades fonológicas, morfológicas, semânticas e pragmáticas.

Dado que os léxicos reais são grandes e complexos, do ponto de vista da engenharia da programação, é melhor escrever gramáticas simples que disponham de um mecanismo simples e bem definido para extrair a informação necessária de um léxico vasto. Ou seja, as gramáticas devem ser encaradas como entidades separadas que conseguem aceder à informação contida nos léxicos. Podem então usar-se mecanismos especializados para armazenar os léxicos de forma eficiente, bem como extrair informação destes.

As regras da nossa nova GCD, apesar de simples, ilustram as ideias fundamentais. As novas regras listam apenas factos sintáticos gerais, e os objetivos adicionais funcionam como interface com o nosso léxico permitindo às regras obter a informação de que precisam. Para além disso, tiramos também partido da indexação que o Prolog faz do primeiro argumento fazendo com que a pesquisa de uma palavra no léxico seja mais eficiente. A indexação no primeiro argumento é uma técnica usada pelo Prolog para tornar o acesso à base de conhecimento mais eficiente. Se na avaliação de um objetivo o primeiro argumento estiver instanciado, tal permite ao Prolog ignorar todas as cláusulas em que o primeiro argumento do functor é diferente. Isto significa, por exemplo, que podemos obter imediatamente todas as possíveis categorias de homem sem ter de consultar as entradas do léxico para as outras centenas de milhar de palavras que possam lá estar.

8.3 Observações finais

Já temos agora uma panorâmica geral do que são as GCDs e do que podemos fazer com elas. Para terminar, vamos analisá-las a um nível de abstração superior, tanto do ponto de vista formal como do ponto de vista linguístico.

Comecemos pela perspetiva formal. Na maior parte das situações, apresentámos as GCDs como uma ferramenta para codificar gramáticas livres de contexto (gramáticas livres de contexto enriquecidas com características como *sujeito* e *complemento*). Mas as GCDs permitem ir além disto. Vimos que era possível escrever uma GCD para gerar uma linguagem que não é livre de contexto. Com efeito, *qualquer programa* pode ser escrito usando a notação das GCDs. Ou seja, as GCDs constituem uma linguagem de programação de pleno direito (que é Turing completa, usando a terminologia adequada). Apesar de as GCDs estarem habitualmente associadas a aplicações linguísticas, podem ser úteis para outros fins.

Do ponto de vista linguístico, quão boas são as GCDs? Não há uma resposta inequívoca. Em dado momento (no início dos anos 80) as GCDs eram o que havia de mais desenvolvido. Permitiam codificar gramáticas complexas de uma forma clara, e explorar a relação entre ideias sintáticas e semânticas. Certamente que qualquer história da análise sintática em linguística computacional dará às GCDs uma menção honrosa.

Mas as GCDs têm desvantagens. Em primeiro lugar, a sua tendência para entrar em ciclo infinito quando a ordem dos objetivos não está correta (vimos um exemplo no capítulo anterior quando se acrescentou uma regra recursiva à esquerda para as conjunções) é irritante; *não queremos* estar preocupados com tais detalhes quando estamos a escrever gramáticas mais complexas. Para além disso, embora a possibilidade de acrescentar argumentos adicionais seja útil, se forem necessários muitos (como acontece numa gramática mais sofisticada) é um mecanismo intrincado.

No entanto, é importante notar que estes problemas ocorrem devido à forma como o Prolog interpreta as regras das GCD. Estes não são inerentes à notação das GCDs. Quem já tiver estudado algoritmos de análise sintática provavelmente saberá que os analisadores sintáticos descendentes[3] entram em ciclo infinito com gramáticas com regras recursivas à esquerda. Não surpreende por isso que o Prolog, que interpreta as GCDs de modo descendente, entre em ciclo infinito com a regra recursiva à esquerda `f --> f conj f`. Se usarmos uma estratégia diferente para interpretar as GCDs, uma estratégia ascendente, por exemplo, não teremos este problema. De igual modo, se não usássemos a interpretação das GCDs pré-definida em Prolog, poderíamos usar os argumentos adicionais para uma especificação mais sofisticada das características, uma que permitisse a utilização de estruturas de características maiores.

Em resumo, hoje em dia as GCDs são usualmente vistas como uma boa notação para definir gramáticas livres de contexto enriquecidas com algumas características, uma notação que (ignorando a recursão à esquerda) desempenha o papel duplo de analisador sintático/reconhecedor. Ou seja, podem ser vistas como uma ferramenta útil para testar novas ideias gramaticais, ou para implementar gramáticas razoavelmente sofisticadas para determinadas aplicações. As GCDs já não são o que há de mais atual, mas são úteis. Mesmo que o leitor nunca tenha programado, usando apenas o que aprendeu até agora está em condições de começar a experimentar escrever gramáticas razoavelmente sofisticadas. Com uma linguagem de programação convencional (como C++ ou Java) não seria possível atingir este nível tão cedo. Seria mais fácil com linguagens funcionais (tais como Lisp, Caml ou Haskell), mas ainda assim, é discutível se os principiantes o conseguiriam fazer tão cedo.

8.4 Exercícios

Exercício 8.1 Considere-se a GCD

```
f --> gn,gv.

gn --> det,n.

gv --> v,gn.
```

---
[3]NdT: do inglês *top-down*.

```
gv --> v.

det --> [the].
det --> [a].

n --> [man].
n --> [woman].
n --> [apple].
n --> [pear].

v --> [eats].
```

Suponha-se que se acrescenta o nome "men" (que é plural) e o verbo "know". Pretende-se então uma GCD para a qual "The men eat" esteja correta, "The man eats" esteja correta, mas nem "The men eats" nem "The man eat" estejam corretas. Modifique a GCD de modo a tratar estas frases adequadamente. Use um argumento adicional para distinguir o singular do plural.

Exercício 8.2 No texto foram apresentados apenas exemplos de regras de GCDs com um único argumento adicional, mas podem acrescentar-se tantos argumentos adicionais quantos se desejarem. Considere-se a seguinte regra com três argumentos adicionais:

```
kanga(V,R,Q) --> canguru(V,R),
                 salta(Q,Q),
                 {marsupial(V,R,Q)}.
```

Traduza esta regra para a sua representação em Prolog.

8.5 Sessão prática

O objetivo da sessão prática 8 é ajudar o leitor a familiarizar-se com as GCDs que usam argumentos e objetivos adicionais.

Eis alguns exercícios:

1. Use `trace` para avaliar alguns objetivos no âmbito da GCD que usa argumentos adicionais para tratar a distinção sujeito/complemento, da GCD que produz análise sintática, e da GCD que usa argumentos adicionais para separar o léxico e as regras. Certifique-se que compreende o modo de funcionamento das três gramáticas.

2. Use `trace` para avaliar alguns objetivos no âmbito da GCD para $a^n b^n c^n$ apresentada no texto (a que atribuía à variável `Cont` os valores 0, suc(0),

8.5. SESSÃO PRÁTICA

suc(suc(0)) e assim por diante). Experimente casos em que os três blocos de a's, b's e c's têm de facto o mesmo comprimento, bem como objetivos em que tal não acontece.

Segue-se um exercício de programação. Sugere-se o seguinte miniprojeto que envolve tudo o que o leitor aprendeu até agora. Note-se que na sessão prática no final do Capítulo 12 o leitor vai ser desafiado a estender este trabalho, pelo que deve empenhar-se na sua realização.

1. Comece por escrever uma GCD na qual estejam presentes todas as construções linguísticas referidas. Em particular, viu-se no texto como usar argumentos adicionais para tratar a distinção sujeito/complemento, e nos exercícios propôs-se a utilização de argumentos adicionais para tratar a distinção singular/plural. Escreva a GCD de forma a que esta gere árvores de análise sintática e que recorra a um léxico à parte.

2. De seguida, estenda a GCD de modo a que os grupos nominais possam ser modificados por adjetivos e grupos preposicionais simples (isto é, deve ser capaz de tratar frases como "the small frightened woman on the table" ou "the big fat cow under the shower"). Por último, estenda-a ainda por forma a que a distinção entre os pronomes na primeira, segunda e terceira pessoas seja tratada corretamente (quer na função de sujeito quer na função de complemento).

Capítulo 9

Um olhar mais atento sobre os termos

> Este capítulo tem três objetivos principais:
> 1. Estudar o predicado ==.
> 2. Analisar mais atentamente a estrutura dos termos.
> 3. Estudar operadores.

160 CAPÍTULO 9. UM OLHAR MAIS ATENTO SOBRE OS TERMOS

9.1 Comparação de termos

O Prolog inclui um predicado importante para comparar termos, a saber, o predicado identidade ==/2. Tal como o nome sugere, o predicado testa se dois termos são idênticos. Contudo, ==/2 *não* instancia variáveis, não sendo por isso o mesmo que o predicado de unificação =/2. Vejamos alguns exemplos:

```
?- a == a.
yes

?- a == b.
no

?- a == 'a'.
yes
```

A razão pela qual o Prolog dá estas resposta deve ser óbvia, embora se deva prestar atenção à última. Indica que, do ponto de vista do Prolog, a e 'a' são o mesmo objeto.

Vejamos agora alguns exemplos com variáveis, e fazendo uma comparação explícita entre == e o predicado de unificação =:

```
?- X==Y.
no

?- X=Y.
X = _2808
Y = _2808
yes
```

Nestes objetivos, X e Y são variáveis *não instanciadas*; ainda não lhes foi atribuído qualquer valor. Logo, a primeira resposta está correta: X e Y *não* são objetos idênticos, e portanto o teste == falha. Por outro lado, = tem sucesso, pois X e Y podem ser unificadas.

Vejamos agora objetivos com variáveis *instanciadas*:

```
?- a=X, a==X.

X = a
yes
```

O primeiro subobjetivo, a=X, instancia X com a. Assim, quando se avalia a==X, o lado esquerdo e o lado direito são exatamente o mesmo objeto em Prolog, pelo que a==X tem sucesso.

Algo semelhante acontece quando se avalia

9.1. COMPARAÇÃO DE TERMOS

```
?- X=Y, X==Y.

X = _4500
Y = _4500
yes
```

O subobjetivo X=Y começa por unificar as variáveis X e Y. Assim quando o segundo subobjetivo X==Y é avaliado, as duas variáveis são exatamente o mesmo objeto em Prolog, pelo que o segundo subobjetivo tem também sucesso.

Deve ser agora claro que = e == são diferentes, apesar de existir uma estreita relação entre eles: == pode ser visto como um teste de igualdade entre termos mais forte do que =. Ou seja, se termo1 e termo2 são termos Prolog, e se termo1 == termo2 tem sucesso, então termo1 = termo2 tem também sucesso.

Um outro predicado que vale a pena conhecer é o predicado \==. Este predicado é definido de modo a que tenha sucesso precisamente nos casos em que == falha. Isto é, tem sucesso sempre que dois termos *não* sejam idênticos, e falha em caso contrário. Por exemplo:

```
?- a \== a.
no

?- a \== b.
yes

?- a \== 'a'.
no
```

Estas respostas devem ser as esperadas: são simplesmente o oposto das respostas obtidas acima quando se usou ==. Considere-se agora:

```
?- X \== a.

X = _3719
yes
```

Qual a razão desta resposta? Vimos acima que a avaliação de X==a *falha* (recorde o modo como == trata variáveis não instanciadas). Assim, a avaliação de X\==a deve *ter sucesso*, e tem.

De modo análogo:

```
?- X \== Y.

X = _798
Y = _799
yes
```

Vimos também acima que a avaliação de X==Y falha, logo a avaliação de X\==Y tem sucesso.

9.2 Termos com notação especial

Por vezes, os termos parecem-nos diferentes mas o Prolog considera-os idênticos. Por exemplo, quando se compara a e 'a', vemos duas sequências de símbolos distintas, mas o Prolog trata-as como idênticas. Com efeito, existem muitos outros casos em que o Prolog considera que duas sequências são exatamente o mesmo termo. Porquê? Porque torna a programação mais natural. Por vezes, a notação de que o Prolog gosta não é tão natural como a notação que escolheríamos. Assim, é bom poder escrever programas usando uma notação que achamos natural, e deixar o Prolog executá-los na notação que prefere.

Termos aritméticos

Os termos aritméticos apresentados anteriormente são um bom exemplo da observação anterior. Como referido no Capítulo 5, +, -, *, e / são *functores*, e expressões aritméticas como 2+3 são *termos*. E isto não é uma analogia. Ignorando o facto de as poder avaliar com a ajuda do predicado is/2, o Prolog considera sequências de símbolos como 2+3 como sendo idênticas a termos complexos usuais. Os exemplos seguintes ilustram esta afirmação:

```
?- 2+3 == +(2,3).
yes

?- +(2,3) == 2+3.
yes

?- 2-3 == -(2,3).
yes

?- *(2,3) == 2*3.
yes

?- 2*(7+2) == *(2,+(7,2)).
yes
```

Em resumo, a notação aritmética usual existe para *nossa* conveniência. O Prolog não a distingue da notação usual para termos.

Observações semelhantes podem ser feitas acerca dos predicados de comparação <, =<, =:=, =\=, > e >=:

9.2. TERMOS COM NOTAÇÃO ESPECIAL

```
?- (2 < 3) == <(2,3).
yes

?- (2 =< 3) == =<(2,3).
yes

?- (2 =:= 3) == =:=(2,3).
yes

?- (2 =\= 3) == =\=(2,3).
yes

?- (2 > 3) == >(2,3).
yes

?- (2 >= 3) == >=(2,3).
yes
```

Estes exemplos ilustram a razão pela qual é útil ter uma notação adequada (o leitor gostaria de ter de escrever expressões como =:=(2,3)?). Observe-se, a propósito, que escrevemos os argumentos do lado esquerdo entre parênteses. Por exemplo, não avaliámos

```
?- 2 =:= 3 == =:=(2,3).
```

mas sim

```
?- (2 =:= 3) == =:=(2,3).
```

Porquê? Porque o Prolog considera o objetivo 2 =:= 3 == =:=(2,3) confuso e, convenhamos, podemos censurá-lo? Não tem a certeza se deve colocar os parênteses como na expressão (2 =:= 3) == =:=(2,3) (que é o que nós queremos), ou como na expressão 2 =:= (3 == =:=(2,3)). Assim, é necessário indicar explicitamente o que se pretende.

Uma observação final. Apresentámos até ao momento três símbolos muito semelhantes, os símbolos =, == e =:= (e existem ainda \=, \== e =\=). Eis um resumo:

=	O predicado de unificação. Tem sucesso se consegue unificar os seus argumentos, e falha em caso contrário.
\=	A negação do predicado de unificação. Tem sucesso se = falha, e vice-versa.
==	O predicado identidade. Tem sucesso se os seus argumentos são idênticos, e falha em caso contrário.
\==	A negação do predicado identidade. Tem sucesso se == falha, e vice-versa.
=:=	O predicado de igualdade aritmética. Tem sucesso se a avaliação dos seus argumentos é o mesmo inteiro.
=\=	O predicado de desigualdade aritmética. Tem sucesso se a avaliação de cada um dos seus argumentos corresponde a inteiros diferentes.

Listas como termos

As listas constituem um outro bom exemplo em que o Prolog trabalha com uma representação interna, enquanto nos disponibiliza uma notação, mais natural. Comecemos com uma breve análise desta notação (isto é, usando os parênteses retos [e]). Com efeito, dado que o Prolog também disponibiliza o construtor |, existem muitas formas de escrever a mesma lista, mesmo a este nível:

```
?- [a,b,c,d] == [a|[b,c,d]].
yes

?- [a,b,c,d] == [a,b|[c,d]].
yes

?- [a,b,c,d] == [a,b,c|[d]].
yes

?- [a,b,c,d] == [a,b,c,d|[]].
yes
```

Mas como é que o Prolog vê internamente as listas? De facto, vê as listas como termos construídos a partir de dois símbolos especiais, designadamente o termo [], que representa a lista vazia, e o functor "." (o ponto final) de aridade 2, que é usado para construir listas não vazias. Os símbolos [] e . são denominados construtores de listas.

9.2. TERMOS COM NOTAÇÃO ESPECIAL

Vejamos como estes construtores são usados para construir listas. Escusado será dizer que é uma definição recursiva:

- A lista vazia é o termo [ ]. Tem comprimento 0.

- Uma lista não vazia é qualquer termo da forma .(*termo*, *lista*), onde *termo* é um qualquer termo Prolog e *lista* é uma qualquer lista. Se *lista* tiver comprimento n, então .(*termo*, *lista*) tem comprimento $n+1$.

Asseguremo-nos que compreendemos esta definição analisando alguns exemplos:

```
?- .(a,[]) == [a].
yes

?- .(f(d,e),[]) == [f(d,e)].
yes

?- .(a,.(b,[])) == [a,b].
yes

?- .(a,.(b,.(f(d,e),[]))) == [a,b,f(d,e)].
yes

?- .(.(a,[]),[]) == [[a]].
yes

?- .(.(.(a,[]),[]),[]) == [[[a]]].
yes

?- .(.(a,.(b,[])),[]) == [[a,b]].
yes

?- .(.(a,.(b,[])),.(c,[])) == [[a,b],c].
yes

?- .(.(a,[]),.(b,.(c,[]))) == [[a],b,c].
yes

?- .(.(a,[]),.(.(b,.(c,[])),[])) == [[a],[b,c]].
yes
```

A representação interna das listas em Prolog não é tão natural quanto a notação que usa parênteses retos. Mas também não é tão má como poderia parecer à primeira vista. De facto, funciona de modo análogo à notação que recorre a |. Representa uma lista em duas partes: o seu primeiro elemento (a cabeça), e uma lista que representa o resto da lista (a cauda). O truque é olhar para estes termos como *árvores*. Os nós internos desta árvore estão etiquetados com . e todos eles têm dois descendentes. A subárvore cuja raiz é o descendente esquerdo representa o primeiro elemento da lista, e a subárvore cuja raiz é o descendente direito representa o resto da lista. Por exemplo, a representação de .(a,.(.(b,.(c,[])),.(d,[]))), isto é, [a, [b,c], d], tem o seguinte aspeto:

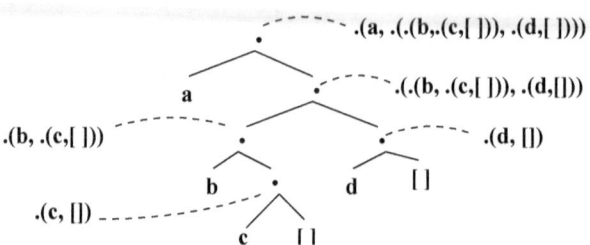

Uma nota final: o Prolog é muito cortês. Não só se pode interagir com ele usando a notação mais natural, como ele responde na mesma notação:

```
?- .(f(d,e),[]) = Y.

Y = [f(d,e)]
yes


?- .(a,.(b,[])) = X, Z= .(.(c,[]),[]), W = [1,2,X].

X = [a,b]
Z = [[c]]
W = [1,2,[a,b]]
yes
```

9.3 Análise de termos

Nesta secção estudaremos alguns predicados pré-definidos que permitem analisar os termos mais detalhadamente. Começamos por estudar predicados que verificam se os seus argumentos são termos de um certo tipo (por exemplo, se são átomos ou números). De seguida, estudam-se predicados que nos indicam alguns detalhes acerca da estrutura interna dos termos complexos.

9.3. ANÁLISE DE TERMOS

Tipos de termos

Recorde-se o que foi dito acerca dos termos Prolog no Capítulo 1: existem quatro tipos diferentes, designadamente variáveis, átomos, números e termos complexos. Para além disso, os átomos e os números estão agrupados sob a designação de constantes, e as constantes e as variáveis constituem os termos simples. Isto está resumido no diagrama seguinte:

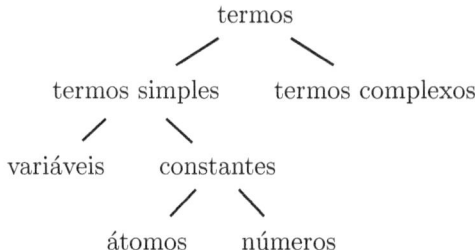

É por vezes útil poder ser capaz de determinar o tipo de um determinado termo. Por exemplo, o leitor poderá querer definir um predicado que tem de tratar diferentes tipos de termos, mas tem de os tratar de formas diferentes. O Prolog disponibiliza vários predicados pré-definidos para testar se um dado termo é de um certo tipo:

atom/1	O argumento é um átomo?
integer/1	O argumento é um número inteiro?
float/1	O argumento é um número em vírgula flutuante?
number/1	O argumento é um número inteiro ou em vírgula flutuante?
atomic/1	O argumento é uma constante?
var/1	O argumento é uma variável não instanciada?
nonvar/1	O argumento é uma variável instanciada ou outro termo que *não* seja uma variável não instanciada?

Vejamos como funcionam:

```
?- atom(a).
yes

?- atom(7).
no

?- atom(gosta(vincent,mia)).
no
```

Estes três exemplos funcionam exatamente como seria de esperar. Mas o que acontecerá se avaliarmos `atom/1` com uma variável no argumento?

```
?- atom(X).
no
```

Isto faz sentido, uma vez que uma variável não instanciada não é um átomo. No entanto, se instanciarmos primeiro X com um átomo, e depois avaliarmos atom(X), a resposta do Prolog é yes:

```
?- X = a, atom(X).
X = a
yes
```

Mas é importante que a instanciação seja feita *antes* do teste:

```
?- atom(X), X = a.
no
```

Os predicados integer/1 e float/1 funcionam de modo análogo. O leitor deve experimentar alguns exemplos.

Os predicados number/1 e atomic/1 têm um comportamento disjuntivo. O predicado number/1 testa se um certo termo é um número inteiro ou um número em vírgula flutuante: isto é, o resultado da avaliação vai ser verdadeiro se o resultado da avaliação de integer/1 for verdadeiro ou o resultado da avaliação de float/1 for verdadeiro, e falha quando ambos falham. No que respeita a atomic/1, este predicado testa se um dado termo é uma constante, isto é, se é um átomo ou um número. Assim, o resultado da avaliação de atomic/1 será verdadeiro quando o resultado da avaliação de atom/1 for verdadeiro ou o resultado da avaliação de number/1 for verdadeiro, e falha quando ambos falham:

```
?- atomic(mia).
yes

?- atomic(8).
yes

?- atomic(3.25).
yes

?- atomic(gosta(vincent,mia)).
no

?- atomic(X)
no
```

9.3. ANÁLISE DE TERMOS

E que dizer das variáveis? Comecemos por referir o predicado var/1. Este predicado testa se um termo é uma variável *não instanciada*:

```
?- var(X)
yes

?- var(mia).
no

?- var(8).
no

?- var(3.25).
no

?- var(gosta(vincent,mia)).
no
```

Existe também o predicado nonvar/1. Este predicado tem sucesso precisamente quando var/1 falha; isto é, se o seu argumento *não* é uma variável não instanciada:

```
?- nonvar(X)
no

?- nonvar(mia).
yes

?- nonvar(8).
yes

?- nonvar(3.25).
yes

?- nonvar(gosta(vincent,mia)).
yes
```

Observe-se que um termo complexo que contenha variáveis não instanciadas não é ele próprio uma variável não instanciada (é um termo complexo). Assim:

```
?- var(gosta(_,mia)).
no

?- nonvar(gosta(_,mia)).
yes
```

170 CAPÍTULO 9. UM OLHAR MAIS ATENTO SOBRE OS TERMOS

Quando a variável X é instanciada, var(X) e nonvar(X) têm comportamentos diferentes consoante sejam usados antes da instanciação ou depois desta:

```
?- X = a, var(X).
no

?- X = a, nonvar(X).
X = a
yes

?- var(X), X = a.
X = a
yes

?- nonvar(X), X = a.
no
```

A estrutura dos termos

Dado um termo complexo com estrutura desconhecida (um termo complexo resultante da avaliação de um certo predicado, por exemplo), que tipo de informação poderemos querer extrair dele? A resposta óbvia é: o seu functor, a respetiva aridade e qual o aspeto dos argumentos. O Prolog disponibiliza predicados pré-definidos que permitem obter esta informação. A informação acerca do functor e respetiva aridade é dada pelo predicado functor/3. Dado um termo complexo, functor/3 indica-nos qual o seu functor e respetiva aridade:

```
?- functor(f(a,b),F,A).
A = 2
F = f
yes

?- functor([a,b,c],X,Y).
X = '.'
Y = 2
yes
```

Observe-se que quando interrogado acerca de uma lista, o Prolog devolve o functor ., que é o functor utilizado na representação interna de listas.

O que acontece quando se usa functor/3 com constantes? Tentemos:

```
?- functor(mia,F,A).
A = 0
```

9.3. ANÁLISE DE TERMOS

```
F = mia
yes

?- functor(8,F,A).
A = 0
F = 8
yes

?- functor(3.25,F,A).
A = 0
F = 3.25
yes
```

Assim, pode usar-se o predicado **functor/3** para encontrar o functor e respetiva aridade, e também pode ser usado no caso particular da aridade ser 0 (constantes).

Pode também usar-se **functor/3** para *construir* termos. Como? Especificando os segundo e terceiro argumentos e deixando o primeiro por especificar. A avaliação de

```
?- functor(T,f,7).
```

por exemplo, tem como resultado

```
T = f(_G286, _G287, _G288, _G289, _G290, _G291, _G292)
yes
```

Note-se que ou o primeiro, ou o segundo e o terceiro argumentos têm de estar instanciados. Por exemplo, o Prolog responderia com uma mensagem de erro à avaliação de **functor(T,f,N)**. De facto, se o leitor refletir um pouco acerca do que o objetivo significa, constatará que o Prolog está a responder de uma forma sensata. O objetivo está a pedir ao Prolog para construir um termo complexo sem lhe dizer quantos argumentos são necessários, o que não é um pedido muito razoável.

Agora que conhecemos o predicado **functor/3** vamos usá-lo. Na secção anterior, estudámos os predicados pré-definidos que verificam se os seus argumentos são um átomo, um número, uma constante ou uma variável. Mas não existia nenhum predicado que verificasse se o seu argumento era um termo complexo. Para completar a lista, vamos definir tal predicado. É fácil fazê-lo recorrendo ao predicado **functor/3**. Tudo o que há a fazer é verificar se existe um functor adequado com argumentos (isto é, de aridade maior que zero). A definição é a seguinte:

```
termo_complexo(X):-
    nonvar(X),
```

```
        functor(X,_,A),
        A > 0.
```

Nada mais havendo a dizer acerca dos functores — o que dizer acerca dos argumentos? Para além do predicado `functor/3`, o Prolog disponibiliza o predicado `arg/3` que nos dá informação acerca dos argumentos dos termos complexos. Dado um número N e um termo complexo T como primeiro e segundo argumentos, devolve o N-ésimo argumento de T no seu terceiro argumento. Pode ser usado para obter o valor de um argumento

```
        ?- arg(2,gosta(vincent,mia),X).
        X = mia
        yes
```

ou para instanciar um argumento

```
        ?- arg(2,gosta(vincent,X),mia).
        X = mia
        yes
```

Tentar aceder a um argumento não existente, falha, como é óbvio:

```
        ?- arg(2,feliz(yolanda),X).
        no
```

Os predicados `functor/3` e `arg/3` permitem-nos aceder a toda informação básica necessária acerca de termos complexos. No entanto, o Prolog disponibiliza ainda um terceiro predicado pré-definido para analisar a estrutura dos termos, a saber, `'=..'/2`. Este predicado recebe um termo complexo e devolve a lista que tem o functor como cabeça, e todos os argumentos, por ordem, como elementos da cauda. Assim, ao avaliarmos

```
        ?- '=..'(gosta(vincent,mia),X)
```

o Prolog responde

```
        X = [gosta,vincent,mia]
```

Este predicado (também designado por univ) pode também ser usado como operador infixo. Seguem-se alguns exemplos que ilustram várias formas de utilizar esta (útil) ferramenta:

```
        ?- causa(vincent,morte(zed)) =.. X.
        X = [causa, vincent, morte(zed)]
        yes
```

9.3. ANÁLISE DE TERMOS

```
?- X =.. [a,b(c),d].
X = a(b(c), d)
yes

?- massagem(Y,mia) =.. X.
Y = _G303
X = [massagem, _G303, mia]
yes
```

O predicado univ é particularmente útil quando é necessário fazer algo a todos os argumentos de um termo complexo. Dado que devolve os argumentos numa lista, podem ser usadas as estratégias usuais de manipulação de listas para processar os argumentos.

Sequências de caracteres

As sequências de caracteres são representadas em Prolog através de uma lista de códigos (ASCII). Contudo, seria uma grande confusão usar a notação de listas para a manipulação de sequências de caracteres, pelo que o Prolog disponibiliza também uma notação para sequências de caracteres: aspas. Experimente avaliar

```
?- S = "Vicky".
S = [86, 105, 99, 107, 121]
yes
```

Aqui, a variável S é unificada com a sequência de caracteres "Vicky", que é uma lista contendo cinco números, cada um correspondendo ao código de cada um dos caracteres que compõem a sequência. Por exemplo, o código do carácter V é 86, o código do carácter i é 105, e assim por diante.

Por outras palavras, em Prolog, as sequências de caracteres são de facto listas de números. A maior parte dos dialetos Prolog suporta diversos predicados para manipulação de sequências de caracteres. Um destes predicados, particularmente útil, é atom_codes/2. Este predicado converte um átomo numa sequência de caracteres. Os exemplos seguintes ilustram o que o predicado atom_codes/2 permite fazer:

```
?- atom_codes(vicky,X).
X = [118, 105, 99, 107, 121]
yes

?- atom_codes('Vicky',X).
X = [86, 105, 99, 107, 121]
```

yes

```
?- atom_codes('Vicky Pollard',X).
X = [86, 105, 99, 107, 121, 32, 80, 111, 108|...]
yes
```

Também funciona ao contrário: atom_codes/2 pode também ser usado para gerar átomos a partir de sequências de caracteres. Suponha-se que se pretende duplicar o átomo abc para obter o átomo abcabc. Eis uma possível solução:

```
?- atom_codes(abc,X), append(X,X,L), atom_codes(N,L).

X = [97, 98, 99]
L = [97, 98, 99, 97, 98, 99]
N = abcabc
```

Um último detalhe que convém saber acerca do predicado atom_codes/2 é o facto de ele estar relacionado com um outro predicado pré-definido, o predicado number_codes/2. Este predicado funciona de modo semelhante, mas, tal como o nome sugere, apenas funciona para números.

9.4 Operadores

Como vimos, em certos casos (no caso da aritmética, por exemplo) o Prolog permite-nos usar notações para operadores que são mais naturais do que a sua representação interna. Com efeito, como veremos de seguida, o Prolog tem até um mecanismo que nos permite definir os nossos próprios operadores. Nesta secção vamos primeiro analisar as propriedades dos operadores, e depois aprender a definir operadores.

Propriedades dos operadores

Comecemos com um exemplo da aritmética. Internamente, o Prolog usa a expressão is(11,+(2,*(3,3))), mas podemos escrever os functores * e + entre os seus argumentos, para formar a expressão 11 is 2 + 3 * 3, a que estamos mais habituados. Os functores que podem ser escritos entre os seus argumentos dizem-se operadores infixos. Outros exemplos de operadores infixos em Prolog são :-, -->, ;, ',', =, =.., == e assim por diante. Para além dos operadores infixos, existem também os operadores prefixos (que são escritos antes dos argumentos) e os operadores pósfixos (que são escritos depois). Por exemplo, ?- é um operador prefixo, tal como o operador unário - que é usado para representar números negativos (tal como em 1 is 3 + -2). Um exemplo de

9.4. OPERADORES

operador pósfixo é a notação ++ usada na linguagem de programação C para incrementar o valor de uma variável.

Quando estudámos a aritmética em Prolog vimos que o Prolog conhecia as convenções para desambiguar expressões aritméticas. Assim, quando escrevemos 2 + 3 * 3, o Prolog sabe que significa 2 + (3 * 3) e não (2 + 3) * 3. Mas como é que o Prolog sabe isto? Porque cada operador tem uma certa precedência. A precedência de + é maior que a precedência de *, e é por isso que + é escolhido para functor principal da expressão 2 + 3 * 3. (Note-se que em Prolog a representação interna +(2,*(3,3)) não é ambígua.) De igual modo, a precedência de is é maior que a de +, pelo que 11 is 2 + 3 * 3 é interpretada como is(11,+(2,*(3,3))) e não como +(is(11,2),*(3,3)). Em Prolog, a precedência é expressa através de um número entre 0 e 1200; quanto maior o número, maior a precedência. Por exemplo, a precedência de = é 700, a precedência de + é 500, e a precedência de * é 400.

O que acontece quando numa expressão vários operadores têm a mesma precedência? Referimos acima que o objectivo 2 =:= 3 == =:=(2,3) é confuso para o Prolog. Não sabe como colocar os parênteses: será como em =:=(2,==(3,=:=(2,3))), ou como em ==(=:=(2,3),=:=(2,3))? A razão pela qual o Prolog não consegue escolher a opção certa deve-se ao facto de == e =:= terem a mesma precedência. Nestes casos, cabe ao programador colocar explicitamente os parênteses.

E o que dizer do seguinte objectivo?

```
?- X is 2 + 3 + 4.
```

Será que o Prolog o acha confuso? De modo algum: trata-o sem problemas e responde correctamente X = 9. Mas qual das expressões escolheu o Prolog: is(X,+(2,+(3,4))) ou is(X,+(+(2,3),4))? Como se ilustra de seguida, escolheu a segunda:

```
?- 2 + 3 + 4 = +(2,+(3,4)).
no
?- 2 + 3 + 4 = +(+(2,3),4).
yes
```

Neste caso o Prolog usou informação relativa à associatividade de + para desambiguar: + é associativo à esquerda, o que significa que a expressão à direita de + tem de ter uma precedência menor que a do próprio +, enquanto a expressão à esquerda tem de ter a mesma precedência que +. A precedência de uma expressão é a precedência do seu operador principal, ou 0 se se encontrar entre parênteses. O operador principal de 3 + 4 é +, pelo que interpretar 2 + 3 + 4 como +(2,+(3,4)) significaria que a expressão à direita do primeiro + tinha a mesma precedência que o próprio +, o que não é possível. Tem de ser menor.

176 CAPÍTULO 9. UM OLHAR MAIS ATENTO SOBRE OS TERMOS

Os operadores ==, =:= e is estão definidos como não associativos, o que significa que ambos os argumentos têm de ter precedência inferior. Assim, 2 =:= 3 == =:=(2,3) é uma expressão ilegal, uma vez que, independentemente do modo como se colocam os parênteses, haverá sempre um conflito: 2 =:= 3 tem a mesma precedência que == e 3 == =:=(2,3) tem a mesma precedência que =:=.

O tipo de um operador (infixo, prefixo ou pósfixo), a sua precedência e a sua associatividade são as três coisas que o Prolog precisa de conhecer para ser capaz de traduzir notações a que estamos habituados (mas potencialmente ambíguas) na sua representação interna.

Definição de operadores

Para além de disponibilizar uma notação fácil de usar para certos functores, o Prolog permite também a definição de operadores pelo utilizador. Por exemplo, podemos definir um operador pósfixo esta_morto; o Prolog permite então escrever zed esta_morto como um facto na base de conhecimento em vez de esta_morto(zed).

As definições de operadores em Prolog têm o seguinte aspecto:

:- op(Precedencia,Tipo,Nome).

Como referido anteriormente, a precedência é um número entre 0 e 1200, e quanto maior é o número, maior é a precedência. Tipo é um átomo que especifica o tipo e a associatividade do operador. No caso de + este átomo é yfx, o que indica que + é um operador infixo; o f representa o operador, e o x e o y os seus argumentos. Para além disso, x corresponde a um argumento cuja precedência é menor que a precedência de +, e y corresponde a um argumento cuja precedência é menor ou igual que a precedência de +. Existem as seguintes possibilidades para o tipo:

infixo	xfx, xfy, yfx
prefixo	fx, fy
pósfixo	xf, yf

Assim, a definição do operador para esta_morto poderá ser:

:- op(500, xf, esta_morto).

Apresentam-se agora as definições para alguns dos operadores pré-definidos. Observe-se que os operadores com as mesmas propriedades podem ser especificados de uma só vez indicando a lista dos seus nomes (em vez de um único nome) como terceiro argumento de op.

```
:- op( 1200, xfx, [ :-, --> ]).
:- op( 1200,  fx, [ :-, ?- ]).
:- op( 1100, xfy, [ ; ]).
:- op( 1000, xfy, [ ',' ]).
:- op(  700, xfx, [ =, is, =.., ==, \==,
                    =:=, =\=, <, >, =<, >= ]).
:- op(  500, yfx, [ +, -]).
:- op(  500,  fx, [ +, - ]).
:- op(  300, xfx, [ mod ]).
:- op(  200, xfy, [ ^ ]).
```

É conveniente esclarecer um último ponto. As definições dos operadores não especificam o seu *significado*, descrevem apenas como podem ser usados sintaticamente. Ou seja, a definição de um operador nada indica acerca de quando é que um objetivo que envolva esse operador é avaliado como verdadeiro, é apenas uma extensão da *sintaxe* do Prolog. Assim, se o operador `esta_morto` for definido como acima, e se avaliar o objetivo `zed esta_morto`, o Prolog não reclama que a sintaxe está errada (como faria sem esta definição), mas vai tentar demonstrar o objetivo `esta_morto(zed)`, que é a representação interna de `zed esta_morto`. E isto é tudo o que as definições de operadores fazem — apenas indicam ao Prolog como traduzir uma notação fácil de usar para a notação que o Prolog usa. Qual seria então a resposta do Prolog ao avaliar `zed esta_morto`? Seria no, pois o Prolog iria tentar demonstrar `esta_morto(zed)`, mas não encontraria nenhuma cláusula adequada na base de conhecimento. Mas suponha-se que se enriquecia a base de conhecimento como se segue:

```
:- op(500, xf, esta_morto).

mata(Marsellus,zed).
esta_morto(X) :- mata(_,X).
```

Neste caso o Prolog responderia yes.

9.5 Exercícios

Exercício 9.1 Quais dos seguintes objetivos têm sucesso e quais falham?

```
?- 12 is 2*6.

?- 14 =\= 2*6.

?- 14 = 2*7.
```

```
?- 14 == 2*7.

?- 14 \== 2*7.

?- 14 =:= 2*7.

?- [1,2,3|[d,e]] == [1,2,3,d,e].

?- 2+3 == 3+2.

?- 2+3 =:= 3+2.

?- 7-2 =\= 9-2.

?- p == 'p'.

?- p =\= 'p'.

?- vincent == VAR.

?- vincent=VAR, VAR==vincent.
```

Exercício 9.2 Qual a resposta do Prolog quando se avaliam os seguintes objetivos?

```
?- .(a,.(b,.(c,[]))) = [a,b,c].

?- .(a,.(b,.(c,[]))) = [a,b|[c]].

?- .(.(a,[]),.(.(b,[]),.(.(c,[]),[]))) = X.

?- .(a,.(b,.(.(c,[]),[]))) = [a,b|[c]].
```

Exercício 9.3 Escreva um predicado binário tipotermo(Termo,Tipo) que recebe um termo e devolve o(s) tipo(s) desse termo (átomo, número, constante, variável, e assim por diante). Os tipos devem ser indicados do mais específico para o mais geral. O predicado deve apresentar o seguinte comportamento:

```
?- tipotermo(Vincent,variavel).
yes
?- tipotermo(mia,X).
```

```
X = atomo ;
X = constante ;
X = termo_simples ;
X = termo ;
no
?- tipotermo(morto(zed),X).
X = termo_complexo ;
X = termo ;
no
```

Exercício 9.4 Escreva um programa Prolog com uma definição para o predicado `termo_fechado(Termo)` que testa se `Termo` é um termo fechado. Os termos fechados são os termos que não contêm variáveis. Alguns exemplos de como o predicado se deve comportar:

```
?- termo_fechado(X).
no
?- termo_fechado(frances(bic_mac,le_bic_mac)).
yes
?- termo_fechado(frances(whopper,X)).
no
```

Exercício 9.5 Suponha-se que dispomos das seguintes definições de operadores.

```
:- op(300, xfx, [sao, e_um]).
:- op(300, fx, gosta_de).
:- op(200, xfy, e).
:- op(100, fy, famoso).
```

Quais dos seguintes são termos bem formados? Quais são os operadores principais? Indique como é que o Prolog coloca os parênteses.

```
X e_um feiticeiro
harry e ron e hermione sao amigos
harry e_um feiticeiro e  gosta_de quidditch
dumbledore e_um famoso feiticeiro
```

9.6 Sessão prática

Para começar, vamos apresentar alguns operadores pré-definidos para escrever termos no ecrã. O leitor deverá experimentar os exemplos à medida que forem sendo apresentados. O primeiro predicado que queremos apresentar é o predicado `display/1`. Alguns exemplos simples:

```
?- display(gosta(vincent,mia)).
gosta(vincent, mia)

yes
?- display('o jules come um hamburger big kahuna').
o jules come um hamburger  big kahuna

yes
```

O que é realmente importante acerca de `display/1`, como ilustram os próximos exemplos, é que apresenta no ecrã a *representaçao interna* dos termos.

```
?- display(2+3+4).
+(+(2, 3), 4)

yes
```

Esta propriedade do predicado `display/1` faz com que este seja uma ferramenta útil para estudar o modo como funcionam os operadores em Prolog. Antes de continuar, o leitor deverá experimentar os seguintes exemplos. Deverá também certificar-se que compreende as respostas que o Prolog dá.

```
?- display([a,b,c]).
?- display(3 is 4 + 5 / 3).
?- display(3 is (4 + 5) / 3).
?- display((a:-b,c,d)).
?- display(a:-b,c,d).
```

Assim, o predicado `display/1` é útil se quisermos analisar a representação interna dos termos usando a notação dos operadores. Mas por vezes, em vez disso, preferiríamos ver a notação mais natural que temos vindo a referir. Por exemplo, ao analisar listas é preferível ver [a,b,c] em vez de .(a.(b.(c,[]))). O predicado pré-definido `write/1` permite ver termos desta forma. Este predicado recebe um termo e escreve-o no ecrã usando a notação de operadores:

```
?- write(2+3+4).
2+3+4
yes

?- write(+(2,3)).
2+3
yes
```

9.6. SESSÃO PRÁTICA

```
?- write([a,b,c]).
[a, b, c]
yes

?- write(.(a,.(b,[]))).
[a, b]
yes
```

Eis o que acontece quando o termo a apresentar contém variáveis:

```
?- write(X).
_G204
X = _G204
yes

?- X = a, write(X).
a
X = a
yes
```

O exemplo seguinte mostra o que acontece quando se avaliam dois átomos envolvendo write/1 um a seguir ao outro:

```
?- write(a),write(b).
ab

yes
```

Ou seja, o Prolog escreve um a seguir ao outro sem colocar qualquer espaço entre as respostas. É claro que podemos fazer com que o Prolog coloque um espaço entre as resposta mandando escrever o termo ' ':

```
?- write(a),write(' '),write(b).
a b

yes
```

Se se quiser mais de um espaço, cinco espaços por exemplo, basta pedir ao Prolog para escrever '   ':

```
?- write(a),write('     '),write(b).
a     b

yes
```

182 CAPÍTULO 9. UM OLHAR MAIS ATENTO SOBRE OS TERMOS

Outra forma de escrever espaços é usar o predicado `tab/1`. Este predicado recebe um número como argumento e escreve o número de espaços correspondente:

```
?- write(a),tab(5),write(b).
a     b

yes
```

Outro predicado útil para formatação é o predicado `nl`. Este predicado indica ao Prolog que deve mudar de linha.

```
?- write(a),nl,write(b).
a
b
yes
```

Chegou agora o momento de o leitor aplicar o que acabou de aprender. No capítulo anterior, vimos como nas GCDs se podem usar os argumentos adicionais para construir árvores de análise sintática. Por exemplo, ao avaliar

```
f(T,[um,homem,mata,um,urso],[])
```

o Prolog deve responder

```
f(gn(det(um),n(homem)),gv(v(mata),gn(det(um),n(urso)))).
```

Este termo é uma representação da árvore de análise sintática, mas não é uma representação muito legível. Seria melhor se o Prolog apresentasse algo semelhante ao seguinte (este estilo de apresentação é usualmente designado por *pretty printing*):

```
f(
  gn(
    det(um)
    n(homem))
  gv(
    v(mata)
    gn(
      det(um)
      n(urso))))
```

Escreva um predicado `pparvore/1` que recebe um termo complexo que representa uma árvore e apresenta-o numa forma mais legível.

É agora o momento de praticar as definições de operadores. Na sessão prática do Capítulo 7, pediu-se ao leitor para escrever uma GCD que gerasse as fórmulas da lógica proposicional. No entanto, a representação usada

9.6. SESSÃO PRÁTICA

era um pouco estranha. A fórmula $\neg(p \to q)$ tinha de ser representada por [nao, '(', p, implica, q, ')']. Agora que já conhece operadores, pode representar as fórmulas de um modo mais elegante. Escreva definições de operadores para nao, e, ou e implica, de modo a que o Prolog aceite fórmulas da lógica proposicional (e coloque os parênteses de forma correta). Use display/1 verificar a sua resposta. Deverá obter resultados como os seguintes:

```
?- display(nao(p implica q)).
nao(implica(p,q)).

yes

?- display(nao p implica q).
implica(nao(p),q)

yes
```

Capítulo 10

Cortes e negação

> Este capítulo tem dois objetivos principais:
> 1. Explicar como controlar o mecanismo de retrocesso do Prolog com o auxílio do predicado de corte.
> 2. Explicar como o corte pode ser usado de uma forma estruturada, em particular na negação por falha.

10.1 O corte

O retrocesso automático é uma das características mais específicas do Prolog. Mas o retrocesso pode dar origem a ineficiência. Por vezes, o Prolog pode perder tempo a explorar possibilidades que não conduzem a lado nenhum. Seria bom poder ter alguma forma de controlar este aspeto do seu comportamento, mas até ao momento vimos apenas duas formas (muito rudimentares) de o fazer: alterar a ordem das regras e alterar a ordem dos subobjetivos. Mas existe outra forma. Existe o predicado pré-definido ! (o ponto de exclamação), denominado corte, que nos dá uma forma mais direta de exercer controlo sobre o modo como o Prolog procura soluções.

O que é exatamente o corte, e o que faz? É apenas um átomo especial que podemos usar quando se escrevem cláusulas. Por exemplo,

```
p(X):- b(X), c(X), !, d(X), e(X).
```

é uma regra perfeitamente aceitável em Prolog. Em relação ao que o corte faz é importante notar, em primeiro lugar, que é um objetivo que tem *sempre* sucesso. Em segundo lugar, e mais importante ainda, tem um efeito colateral. Suponha-se que um certo objetivo utiliza esta cláusula (designemo-la por objetivo antecedente). O corte obriga o Prolog a comprometer-se com as escolhas feitas desde que o objetivo antecedente foi unificado com o lado esquerdo da regra (incluindo a escolha de usar esta cláusula particular). Vejamos um exemplo para perceber o que isto significa.

Considere-se primeiro o programa sem cortes:

```
p(X):- a(X).

p(X):- b(X), c(X), d(X), e(X).

p(X):- f(X).

a(1).   b(1).   c(1).   d(2).   e(2).   f(3).
        b(2).   c(2).
```

Se avaliarmos o objetivo p(X) obtemos as respostas seguintes:

```
X = 1 ;

X = 2 ;

X = 3 ;
no
```

10.1. O CORTE

Apresenta-se de seguida a árvore de pesquisa que explica como o Prolog encontra estas três soluções. Note-se que retrocede uma vez, quando entra na segunda cláusula para p/1 e decide unificar o primeiro objetivo com b(1) em vez de b(2).

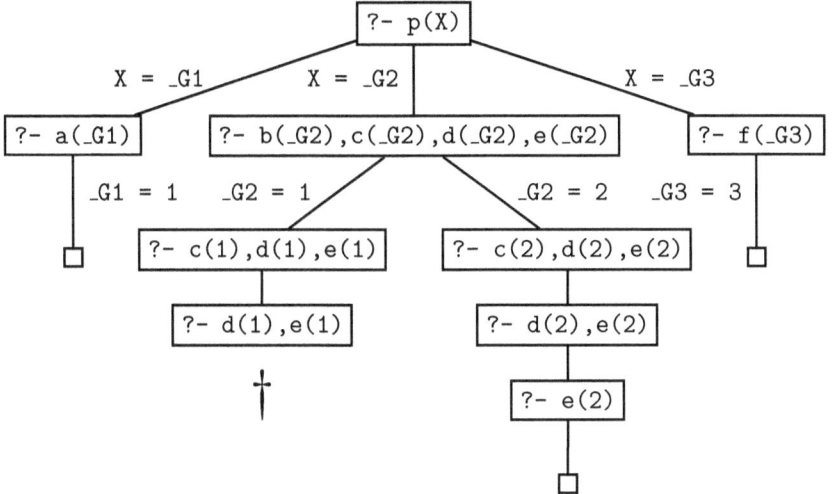

Suponha-se agora que se insere um corte na segunda cláusula:

p(X):- b(X), c(X), !, d(X), e(X).

Se avaliarmos p(X) obtemos a seguinte resposta:

X = 1 ;
no

O que está a acontecer?

1. p(X) começa por ser unificado com a primeira regra, e ficamos com um novo objetivo a(X). Instanciando X com 1, o Prolog unifica a(X) com o facto a(1) e encontrou-se uma solução. Até agora, isto é exatamente o que aconteceu na primeira versão do programa.

2. Procuremos agora uma segunda solução. O Prolog unifica p(X) com a segunda regra, e ficamos com os novos objetivos b(X),c(X),!,d(X),e(X). Instanciando X com 1, o Prolog unifica b(X) com o facto b(1), pelo que ficamos com os objetivos c(1),!,d(1),e(1). Como c(1) está na base de conhecimento ficamos com !,d(1),e(1).

3. Temos agora a grande alteração. O objetivo ! tem sucesso (como sempre tem) e compromete-nos com as escolhas feitas até ao momento. Em

particular, estamos comprometidos com X = 1 e estamos também comprometidos a usar a segunda regra.

4. Mas d(1) falha. E não há outra forma de conseguirmos satisfazer de novo o objetivo p(X). Claro que se nos fosse permitido tentar o valor X=2 poderíamos usar a segunda regra para gerar uma solução (foi o que aconteceu na versão original do programa). Mas *não podemos* fazê-lo: o corte eliminou esta possibilidade da árvore de pesquisa. E claro que se nos fosse permitido tentar a terceira regra poderíamos gerar a solução X=3. Mas *não podemos* fazê-lo: o corte eliminou essa possibilidade da árvore de pesquisa, uma vez mais.

Se se observar a árvore de pesquisa, constata-se que tudo se resume ao seguinte: a pesquisa termina quando o objetivo d(1) não conduz a nenhum nó no qual esteja disponível uma escolha alternativa. As cruzes nas árvores de pesquisa indicam os ramos que o corte eliminou.

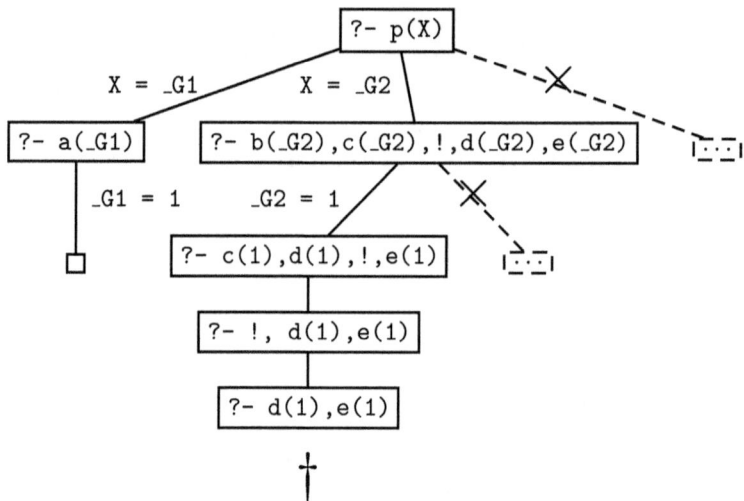

Importa salientar o seguinte: o corte só nos compromete com escolhas feitas desde que o objetivo antecedente foi unificado com o lado esquerdo da cláusula que contém o corte. Por exemplo, numa regra da forma

q:- p1,...,pn, !, r1,...,rm

quando se chega ao corte, este compromete-nos a usar esta particular cláusula para q e às escolhas feitas durante a avaliação de p1,...,pn. Contudo, *temos a liberdade* de retroceder em r1,...,rm bem como entre escolhas alternativas

10.1. O CORTE

feitas antes de atingir o objetivo q. Um exemplo concreto permite clarificar estes conceitos.

Comecemos por considerar o programa sem cortes:

```
s(X,Y):- q(X,Y).
s(0,0).

q(X,Y):- i(X), j(Y).

i(1).
i(2).

j(1).
j(2).
j(3).
```

O seu comportamento é:

```
?- s(X,Y).

X = 1
Y = 1 ;

X = 1
Y = 2 ;

X = 1
Y = 3 ;

X = 2
Y = 1 ;

X = 2
Y = 2 ;

X = 2
Y = 3 ;

X = 0
Y = 0;
no
```

e a correspondente árvore de pesquisa é:

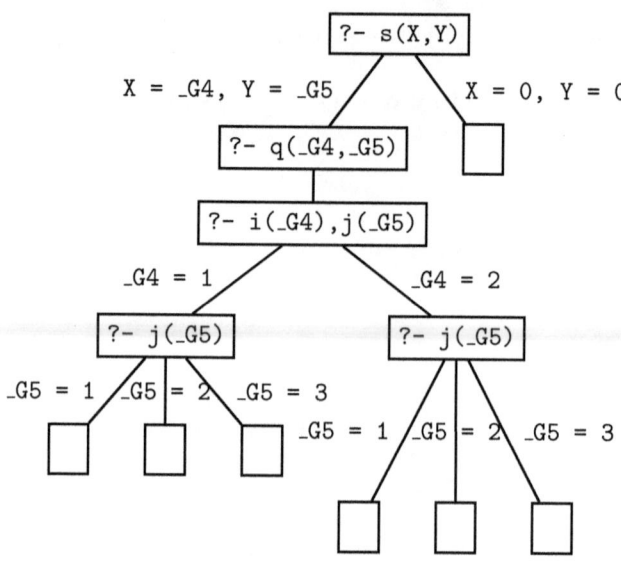

Suponha-se que se acrescenta um corte na cláusula que define q/2:

`q(X,Y):- i(X), !, j(Y).`

O programa comporta-se agora como se segue:

```
?- s(X,Y).

X = 1
Y = 1 ;

X = 1
Y = 2 ;

X = 1
Y = 3 ;

X = 0
Y = 0;
no
```

Vejamos porquê.

1. O objetivo s(X,Y) é unificado com a primeira regra, o que nos dá o novo objetivo q(X,Y).

10.1. O CORTE

2. O objetivo q(X,Y) é por sua vez unificado com a terceira regra, de que resultam os novos objetivos i(X),!,j(Y). Instanciando X com 1, o Prolog unifica i(X) com o facto i(1). Ficamos assim com os objetivos !,j(Y). O corte tem sucesso, como é óbvio, e compromete-nos com as escolhas feitas até ao momento.

3. Que escolhas são essas? São as seguintes: que X = 1 e que estamos a usar esta cláusula. Mas convém notar: ainda *não* escolhemos um valor para Y.

4. O Prolog prossegue, e ao instanciar Y com 1, unifica j(Y) com o facto j(1). Encontrámos assim uma solução.

5. Mas podemos encontrar mais soluções. O Prolog *tem* a liberdade de tentar outros valores para Y. Assim, retrocede e instancia Y com 2, e portanto encontra-se uma segunda solução. E ainda consegue encontrar outra solução: retrocedendo novamente, instancia Y com 3 encontrando assim a terceira solução.

6. Mas estas são todas alternativas para j(X). O retrocesso para a esquerda do corte não é permitido, pelo que *não se consegue* instanciar X com 2, e portanto não encontra as três soluções seguintes que o programa sem corte encontrou. No entanto, o retrocesso relativo a objetivos atingidos antes de q(X,Y) é permitido, pelo que o Prolog encontrará a segunda cláusula para s/2.

A árvore de pesquisa correspondente é:

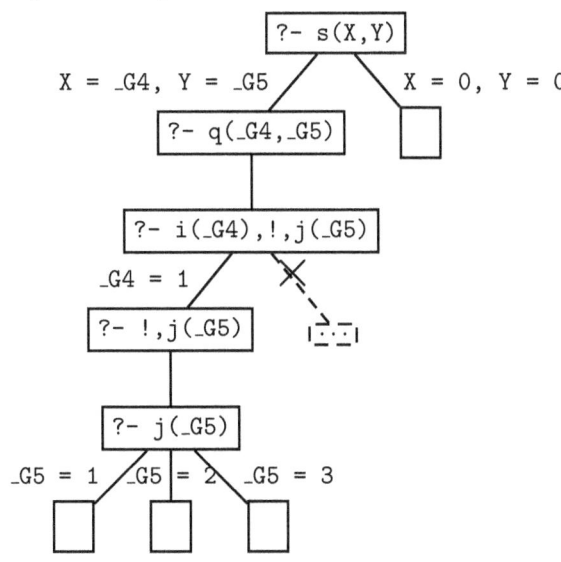

10.2 Utilização do corte

Sabemos agora o que é o corte. Mas como é que se utiliza na prática, e qual é a sua utilidade? Como primeiro exemplo, comecemos por definir um predicado max/3 (sem cortes) que recebe inteiros como argumentos e tem sucesso no caso do terceiro argumento ser o máximo dos dois primeiros. Por exemplo, os objetivos

```
?- max(2,3,3).
```

e

```
?- max(3,2,3).
```

e

```
?- max(3,3,3).
```

devem ter sucesso, e os objetivos

```
?- max(2,3,2).
```

e

```
?- max(2,3,5).
```

devem falhar. É claro que também queremos que o programa funcione quando o terceiro argumento é uma variável. Ou seja, queremos que o programa seja capaz de encontrar o máximo dos dois primeiros argumentos:

```
?- max(2,3,Max).

Max = 3
yes

?- max(2,1,Max).

Max = 2
yes
```

É fácil escrever um programa para fazer isto. Eis uma primeira tentativa:

```
max(X,Y,Y):- X =< Y.
max(X,Y,X):- X>Y.
```

10.2. UTILIZAÇÃO DO CORTE

Este é um programa perfeitamente correto, e podíamos até ser tentados a parar por aqui. Mas não devemos: o programa não é suficientemente bom.

Qual é o problema? Há uma possível fonte de ineficiência. Suponha-se que esta definição é utilizada como parte de um programa maior, e algures durante a execução se avalia `max(3,4,Y)`. O programa instancia corretamente Y com 4. Mas considere-se agora o que acontece se em algum momento for necessário retroceder. O programa tentará voltar a satisfazer `max(3,4,Y)` usando a segunda cláusula. Isto é completamente inútil: o máximo de 3 e 4 é 4. Não é possível encontrar uma segunda solução. Dito de outra forma: as duas cláusulas no programa anterior são mutuamente exclusivas: se a primeira tiver sucesso então a segunda falha, e vice-versa. Assim, voltar a tentar satisfazer esta cláusula é um desperdício de tempo.

Com a ajuda do corte isto é fácil de corrigir. Devemos insistir para que o Prolog nunca tente ambas as cláusulas, o que é conseguido da seguinte forma:

```
max(X,Y,Y) :- X =< Y,!.
max(X,Y,X) :- X>Y.
```

Observe-se como isto funciona. O Prolog atingirá o corte se `max(X,Y,Y)` for avaliado e `X =< Y` tiver sucesso. Neste caso, o segundo argumento é máximo, e o corte faz-nos comprometer com esta escolha. Por outro lado, se `X =< Y` falhar, o Prolog prossegue para a segunda cláusula.

Observe-se que este corte *não* altera o significado do programa. Esta nova versão dá exatamente as mesmas respostas que a anterior, mas é mais eficiente. Com efeito, o programa é *exatamente* o mesmo que a versão anterior, com a exceção do corte, o que é um bom sinal de que o corte é sensato. Cortes como este, que não alteram o significado de um programa, têm uma designação especial: são denominados cortes verdes.

Mas alguns leitores não vão gostar desta versão. Com efeito, a segunda linha não é redundante? Se tivermos de usar esta segunda linha, então já sabemos que o primeiro argumento é maior que o segundo. Poderemos torná-la ainda mais eficiente com a ajuda do novo construtor de corte? Tentemos. Segue-se uma primeira tentativa (errada):

```
max(X,Y,Y) :- X =< Y,!.
max(X,Y,X).
```

Note-se que isto é o mesmo que o nosso corte verde anterior em `max/3`, em que ignoramos o teste `>` na segunda cláusula. Quão bom é ele? Para alguns objetivos não tem problema. Em particular, responde corretamente quando se avaliam objetivos nos quais o terceiro argumento é uma variável. Por exemplo:

```
?- max(100,101,X).
```

```
X = 101
yes
```

e

```
?- max(3,2,X).

X = 3
yes
```

No entanto, *não* é o mesmo que o programa com o corte verde: esta nova versão de `max/3` *não* funciona corretamente. Considere-se o que acontece quando os três argumentos estão todos instanciados. Por exemplo, considere-se o objetivo

```
?- max(2,3,2).
```

É óbvio que a sua avalição deve falhar. Mas com a nossa nova versão, vai ter sucesso! Porquê? Este objetivo não é unificável com a cabeça da primeira cláusula, pelo que o Prolog segue diretamente para a segunda cláusula. O objetivo é unificável com a segunda cláusula e tem (trivialmente) sucesso! Assim, talvez não tenha sido assim tão boa ideia livrarmo-nos do teste >.

Mas existe uma forma. O problema com esta nova versão está na realização da unificação *antes* de se atravessar o corte. Suponha-se que se manipulam as variáveis de uma forma um pouco mais inteligente (usando três variáveis em vez de duas) e realizando a unificação explicitamente *depois* de se atravessar o corte:

```
max(X,Y,Z) :- X =< Y,!, Y = Z.
max(X,Y,X).
```

Como o leitor deverá verificar, este programa funciona e (como pretendíamos) evita a comparação explícita na segunda cláusula da versão com o corte verde.

Mas existe uma diferença importante entre esta nova versão do programa e a versão com o corte verde. O corte no novo programa é um exemplo clássico daquilo a que se chama um corte vermelho. Como esta terminologia parece sugerir, estes cortes são potencialmente perigosos. Porquê? Porque se retirarmos este corte, *não* obtemos um programa equivalente. Isto é, se removermos o corte, o programa resultante já *não* calcula o máximo de dois números. Por outras palavras, a presença do corte é *indispensável* para o correto funcionamento do programa (não era isto que acontecia na versão com o corte verde — o corte apenas melhorou a eficiência). Uma vez que os cortes vermelhos são cortes indispensáveis, então isso significa que programas que os contenham não são puramente declarativos. Há situações em que os cortes vermelhos podem ser úteis, mas há que ter cuidado! A sua utilização pode conduzir a erros de programação subtis e tornar o código difícil de corrigir.

O que fazer? O melhor talvez seja proceder como se segue. Comece por escrever um programa claro, sem cortes e que funcione. Só então deverá tentar melhorar a sua eficiência através de cortes. Utilize cortes verdes sempre que possível. Os cortes vermelhos devem apenas ser usados quando tal for absolutamente necessário, e é boa ideia comentar explicitamente tais cortes no código. Deste modo, aumentará as suas hipóteses de conseguir um bom equilíbrio entre clareza declarativa e eficiência procedimental.

10.3 Negação por falha

Uma das características mais úteis do Prolog é a forma simples como nos permite fazer generalizações. Para afirmar que o Vincent gosta de hambúrgueres basta escrever:

```
gosta(vincent,X) :- hamburguer(X).
```

Mas na vida real as regras têm exceções. Talvez o Vincent não goste de hambúrgueres Big Kahuna. Ou seja, talvez a regra correta seja: o Vincent gosta de hambúrgueres, *exceto* hambúrgueres Big Kahuna. Como representar esta situação em Prolog?

Numa primeira fase, apresentamos mais um predicado pré-definido: `fail/0`. Como o seu nome sugere, `fail/0` é um símbolo especial cuja avaliação falha assim que o Prolog o encontra como objetivo. Isto pode não parecer útil, mas recorde-se: *quando o Prolog falha tenta retroceder*. Assim, `fail/0` pode ser visto como uma instrução para forçar o retrocesso. Quando combinada com o corte, que *bloqueia* o retrocesso, o predicado `fail/0` permite-nos escrever alguns programas interessantes e, em particular, permite-nos definir exceções a regras genéricas.

Considere-se o programa seguinte:

```
gosta(vincent,X) :- hamburguer_big_kahuna(X),!,fail.
gosta(vincent,X) :- hamburguer(X).

hamburguer(X) :- big_mac(X).
hamburguer(X) :- hamburguer_big_kahuna(X).
hamburguer(X) :- whopper(X).

big_mac(a).
hamburguer_big_kahuna(b).
big_mac(c).
whopper(d).
```

As duas primeiras linhas descrevem as preferências do Vincent. As últimas sete linhas descrevem um mundo no qual existem quatro hambúrgueres, a, b, c e d. Dão também informação acerca de que tipo de hambúrgueres são. Uma vez que as duas primeiras linhas descrevem de facto as preferências do Vincent (ou seja, que ele gosta de todos os hambúrgueres exceto dos hambúrgueres Big Kahuna), então ele deve gostar dos hambúrgueres a, c e d, mas não de b. Com efeito, é isto que acontece:

```
?- gosta(vincent,a).
yes

?- gosta(vincent,b).
no

?- gosta(vincent,c).
yes

?- gosta(vincent,d).
yes
```

Como é que isto funciona? O ponto fundamental é a combinação de ! e `fail/0` na primeira linha (esta combinação tem até um nome: designa-se por combinação corte-falha). Quando se avalia `gosta(vincent,b)`, a primeira regra pode ser aplicada e chega-se ao corte. Isto compromete-nos com as escolhas que fizemos e, em particular, bloqueia o acesso à segunda regra. Mas encontramos de seguida o predicado `fail/0`. Este tenta forçar o retrocesso, mas o corte bloqueia-o, pelo que o objetivo falha.

Isto é interessante, mas não é a solução ideal. Note-se, em primeiro lugar, que a ordem das regras é crucial: se se trocarem as duas primeiras linhas, *não* obtemos o comportamento desejado. O corte é também crucial: se o removermos, o programa não tem o mesmo comportamento (este é um corte *vermelho*). Em resumo, temos duas cláusulas mutuamente dependentes que tiram partido dos aspetos procedimentais intrínsecos do Prolog. Existe algo de útil aqui, mas seria melhor se conseguíssemos isolar a parte que é útil de uma forma mais robusta.

E conseguimos. A observação crucial é que a primeira cláusula constitui essencialmente uma forma de dizer que o Vincent *não* gosta de X, se X for um hambúrguer Big Kahuna. Isto é, a combinação corte-falha parece oferecer-nos uma certa forma de negação. Com efeito, é esta a generalização crucial: a combinação corte-falha permite-nos definir uma forma de negação designada por negação por falha. Veja-se como:

```
neg(Objetivo) :- Objetivo,!,fail.
neg(Objetivo).
```

10.3. NEGAÇÃO POR FALHA

Para qualquer objetivo Prolog, `neg(Objetivo)` terá sucesso precisamente se `Objetivo` *não* tiver sucesso.

Usando o novo predicado `neg/1`, podemos descrever as preferências do Vincent de um modo muito mais claro:

```
gosta(vincent,X) :- hamburguer(X),
                    neg(hamburguer_big_kahuna(X)).
```

Ou seja, o Vincent gosta de X se X é um hambúrguer e X não é um hambúrguer Big Kahuna. Isto está muito próximo da nossa afirmação original: o Vincent gosta de hambúrgueres, exceto hambúrgueres Big Kahuna.

A negação por falha é uma ferramenta importante. Não só acrescenta mais expressividade (como a possibilidade de descrever exceções), mas fá-lo de um modo relativamente seguro. Usando negação por falha (em vez da combinação corte-falha) é possível evitar os erros de programação que costumam acompanhar a utilização de cortes vermelhos. Com efeito, a negação por falha é tão útil que está pré-definida na versão padrão do Prolog, pelo que não é necessário defini-la. Na versão padrão do Prolog, o operador \+ significa negação por falha, e portanto poderíamos definir as preferências do Vincent como se segue:

```
gosta(vincent,X) :- hamburguer(X),
                    \+ hamburguer_big_kahuna(X).
```

Em todo o caso, convém fazer alguns avisos: *não* cometa o erro de pensar que a negação por falha funciona exatamente como a negação lógica. Não funciona. Considere-se novamente o nosso mundo dos hambúrgueres:

```
hamburguer(X) :- big_mac(X).
hamburguer(X) :- hamburguer_big_kahuna(X).
hamburguer(X) :- whopper(X).

big_mac(a).
hamburguer_big_kahuna(b).
big_mac(c).
whopper(d).
```

Se avaliarmos `gosta(vincent,X)` obtemos a sequência correta de respostas:

```
X = a ;

X = c ;

X = d ;
no
```

Mas suponha-se que reescrevemos a primeira linha como se segue:

```
gosta(vincent,X) :- \+ hamburguer_big_kahuna(X),
                    hamburguer(X).
```

Note-se que, do ponto de vista declarativo, isto não deveria fazer diferença: *hamburguer(x)* e *não hamburguer_big_kahuna(x)* é equivalente, do ponto de vista lógico, a *não hamburguer_big_kahuna(x)* e *hamburguer(x)*. Ou seja, independentemente do que a variável x denote, não é possível que uma destas expressões seja verdadeira e outra seja falsa. No entanto, eis o que acontece quando se avalia:

```
?- gosta(vincent,X).
```

no

O que está a acontecer? Na base de conhecimento modificada, a primeira coisa que o Prolog tem de testar é se `\+ hamburguer_big_kahuna(X)` se verifica, o que significa que tem de testar se `hamburguer_big_kahuna(X)` falha. Este objetivo tem sucesso. Com efeito, a base de conhecimento contém a informação `hamburguer_big_kahuna(b)`. Consequentemente, falha o objetivo `\+ hamburguer_big_kahuna(X)`, e portanto o objetivo inicial falha também. Em resumo, a diferença crucial entre os dois programas é que na versão original (a que funciona corretamente) se usou `\+` apenas *depois* de se ter instanciado a variável X. Na nova versão (a que não funciona corretamente) usou-se `\+` antes da instanciação. A diferença é fundamental.

Recapitulando, vimos que a negação por falha não é a negação lógica, e que há uma dimensão procedimental que não deve ser esquecida. No entanto, é uma construção importante: em geral, é melhor tentar usar a negação por falha do que escrever código que faça um uso intensivo de cortes vermelhos. Mas "em geral" não significa "sempre". *Existem* situações em que é melhor usar cortes vermelhos.

Por exemplo, suponha-se que é necessário escrever código para capturar a seguinte condição: p *verifica-se se* a *e* b *se verificam, ou se* a *não se verifica e* c *se verifica*. Isto pode ser capturado muito facilmente com a ajuda da negação por falha:

```
p :- a,b.

p :- \+ a, c.
```

Mas suponha-se que a é um objetivo muito complicado, que demora muito tempo a avaliar. Esta solução pode implicar que se tenha de avaliar a duas vezes, o que se pode traduzir num desempenho inaceitavelmente lento. Assim, seria melhor utilizar o seguinte programa:

```
p :- a,!,b.

p :- c.
```

Note-se que este é um corte vermelho: se o removermos, alteramos o significado do programa.

No fundo, não há critérios universais para cobrir todas as situações que possam vir a ocorrer. A programação tem tanto de arte como de ciência: é isso que a torna tão interessante. Há que saber o mais possível sobre a linguagem com que se está a trabalhar (seja ela Prolog, Java, Perl, ou outra), compreender o problema que se está a tentar resolver, e saber o que pode ser uma solução aceitável. De seguida: siga em frente e dê o seu melhor!

10.4 Exercícios

Exercício 10.1 Suponha que dispõe da seguinte base de conhecimento:

```
p(1).
p(2) :- !.
p(3).
```

Indique todas as respostas que o Prolog dá a cada um dos seguintes objetivos:

```
?- p(X).

?- p(X),p(Y).

?- p(X),!,p(Y).
```

Exercício 10.2 Comece por explicar o que faz o programa seguinte:

```
classe(Numero,positivo) :- Numero > 0.
classe(0,zero).
classe(Numero,negativo) :- Numero < 0.
```

Melhore-o acrescentando cortes verdes.

Exercício 10.3 Escreva, sem cortes, um predicado separa/3 que separa uma lista de inteiros em duas listas: uma contendo os números positivos (e zero), e a outra contendo os números negativos. Por exemplo:

```
separa([3,4,-5,-1,0,4,-9],P,N)
```

deve devolver:

```
P = [3,4,0,4]

N = [-5,-1,-9].
```

Melhore este programa com a ajuda do corte, sem alterar o seu significado.

Exercício 10.4 Recorde que no Exercício 3.3 se considerou a seguinte base de conhecimento:

```
comboio_direto(saarbruecken,dudweiler).
comboio_direto(forbach,saarbruecken).
comboio_direto(freyming,forbach).
comboio_direto(stAvold,freyming).
comboio_direto(fahlquemont,stAvold).
comboio_direto(metz,fahlquemont).
comboio_direto(nancy,metz).
```

Pedimos para escrever um predicado recursivo `viajar_de_para/2` que indicasse quando é que é possível viajar de comboio entre duas cidades.

É plausível supor que quando é possível apanhar um comboio direto de A para B, é também possível apanhar um comboio direto de B para A. Acrescente esta informação à base de conhecimento. Escreva depois um predicado `roteiro/3` que indique uma lista de cidades que são visitadas quando se apanha o comboio de uma cidade para outra. Por exemplo:

```
?- roteiro(forbach,metz,Roteiro).
Roteiro = [forbach,freyming,stAvold,fahlquemont,metz]
```

10.5 Sessão prática

O objetivo desta sessão é familiarizar o leitor com cortes e negação por falha. Comecemos com os seguintes exercícios:

1. Experimente as três versões do predicado `max/3` apresentadas no texto: a versão sem cortes, a versão com corte verde, e a versão com corte vermelho. Como é habitual, "experimente" significa "experimente usando `trace`", e deve certificar-se que avalia objetivos em que os três argumentos estão instanciados com números inteiros e objetivos em que o terceiro argumento é uma variável.

2. Uma pausa para hambúrgueres. Experimente todos os métodos apresentados no texto para lidar com as preferências do Vincent. Isto é, experimente o programa que usa a combinação corte-falha, o programa que usa a negação por falha corretamente, e também o programa incorreto que usa a negação no local errado.

10.5. SESSÃO PRÁTICA

Escreva agora alguns programas:

1. Defina um predicado nu/2 ("não unificável") que recebe dois termos como argumento e tem sucesso se os dois termos não forem unificáveis. Por exemplo:

   nu(foo,foo).
   no

   nu (foo,blob).
   yes

   nu(foo,X).
   no

   Deve definir este predicado de três formas diferentes:

   (a) Em primeiro lugar (a mais fácil) defina-o com a ajuda de = e \+.
   (b) Em seguida, defina-o com a ajuda de =, mas não use \+.
   (c) Por fim, defina-o usando a combinação corte-falha. Não use = nem \+.

2. Defina um predicado unificavel(Lista1,Termo,Lista2) onde Lista2 é a lista de todos os elementos de Lista1 que são unificáveis com Termo. Os elementos de Lista2 *não* deverão ser instanciados pela unificação. Por exemplo,

   unificavel([X,b,t(Y)],t(a),Lista]

   deve devolver

   Lista = [X,t(Y)].

   Note que X e Y ainda *não* estão instanciados. Assim, a parte mais delicada é: como se verifica que são unificáveis com t(a) sem os instanciar?

   (Sugestão: pense em usar testes da forma \+ termo1 = termo2. Porquê? Pense nisto. Deverá também pensar em testes \+ \+ termo1 = termo2.)

Capítulo 11

Bases de conhecimento e recolha de soluções

> Este capítulo tem dois objetivos principais:
> 1. Analisar a manipulação de bases de conhecimento em Prolog.
> 2. Analisar os predicados pré-definidos que nos permitem reunir todas as soluções de um problema numa única lista.

11.1 Manipulação de bases de conhecimento

O Prolog tem quatro predicados para manipular bases de conhecimento: `assert`, `retract`, `asserta` e `assertz`. Vejamos como funcionam. Suponha-se que se começa com uma base de conhecimento vazia. Se avaliarmos

```
?- listing.
```

o Prolog limita-se a responder `yes`; a listagem é (obviamente) vazia.
Suponha-se agora que se avalia

```
?- assert(feliz(mia)).
```

Este objetivo tem sucesso (a avaliação de `assert/1` tem *sempre* sucesso). Mas o importante não é o facto de ter sucesso, mas o efeito colateral que tem na base de conhecimento. Com efeito, se agora avaliarmos

```
?- listing.
```

obtemos

```
feliz(mia).
```

Ou seja, a base de conhecimento já não está vazia: contém agora o facto que estava no argumento do predicado `assert/1`.
Suponha-se que avaliamos de seguida os objetivos:

```
?- assert(feliz(vincent)).
yes

?- assert(feliz(marsellus)).
yes

?- assert(feliz(butch)).
yes

?- assert(feliz(vincent)).
yes
```

e depois:

```
?- listing.

feliz(mia).
feliz(vincent).
feliz(marsellus).
```

11.1. MANIPULAÇÃO DE BASES DE CONHECIMENTO

```
feliz(butch).
feliz(vincent).
yes
```

Todos os factos argumento do predicado `assert/1` estão agora na base de conhecimento. Note-se que `feliz(vincent)` ocorre duas vezes na base de conhecimento. Como avaliámos duas vezes `assert(feliz(vincent))`, isto faz sentido.

A manipulação da base de conhecimento que fizemos alterou o significado do predicado `feliz/1`. Em geral, os predicados para manipulação de bases de conhecimento permitem-nos alterar o significado de predicados durante a execução de programas. Os predicados cuja definição se altera durante a execução são denominados predicados dinâmicos por oposição aos predicados estáticos que temos vindo a considerar. A maior parte dos interpretadores do Prolog exigem que se declarem explicitamente os predicados que pretendemos que sejam dinâmicos. Veremos em breve um exemplo com predicados dinâmicos, mas vamos terminar a análise dos predicados para manipulação de bases de conhecimento.

Até agora apenas acrescentámos factos à base de conhecimento, mas podemos também acrescentar novas regras. Suponha-se que queremos acrescentar uma regra afirmando que quem é feliz é ingénuo. Ou seja, suponha-se que queremos acrescentar a regra:

```
ingenuo(X):- feliz(X).
```

Podemos fazê-lo como se segue:

```
assert( (ingenuo(X):- feliz(X)) ).
```

Atente na sintaxe deste objetivo: *a regra que está a ser acrescentada está entre parênteses*. Se pedirmos a listagem da base de conhecimento obtemos

```
feliz(mia).
feliz(vincent).
feliz(marsellus).
feliz(butch).
feliz(vincent).

ingenuo(A):-
   feliz(A).
```

Agora que já sabemos acrescentar nova informação à base de conhecimento, deveremos também aprender como remover informação quando já não é necessária. Existe um predicado inverso do predicado `assert/1`, que é o predicado `retract/1`. Continuando o exemplo anterior, se avaliarmos

```
?- retract(feliz(marsellus)).
```

e a seguir listarmos o conteúdo da base de conhecimento, obtemos

```
feliz(mia).
feliz(vincent).
feliz(butch).
feliz(vincent).

ingenuo(A) :-
    feliz(A).
```

Isto é, o facto `feliz(marsellus)` foi removido.

Suponha-se que continuamos, avaliando

```
?- retract(feliz(vincent)).
```

e pedindo a seguir a listagem. Obtemos

```
feliz(mia).
feliz(butch).
feliz(vincent).

ingenuo(A) :-
    feliz(A).
```

Observe-se que a primeira ocorrência de `feliz(vincent)`, e *apenas* essa, foi removida.

Para remover todas as asserções que contribuem para a definição do predicado `feliz/1` podemos usar uma variável:

```
?- retract(feliz(X)).

X = mia ;

X = butch ;

X = vincent ;
no
```

A listagem revela que a base de conhecimento contém agora apenas a regra `ingenuo(A) :- feliz(A)`.

```
?- listing.
ingenuo(A) :-
    feliz(A).
```

11.1. MANIPULAÇÃO DE BASES DE CONHECIMENTO

Se quisermos ter mais controlo sobre onde as novas cláusulas são colocadas na base de conhecimento, existem duas variantes do predicado `assert/1`, a saber:

1. `assertz`. Coloca as novas cláusulas no *fim* da base de conhecimento.
2. `asserta`. Coloca as novas cláusulas no *início* da base de conhecimento.

Por exemplo, suponha-se que se começa com uma base de conhecimento vazia, e se avalia

```
assert( p(b) ), assertz( p(c) ), asserta( p(a) ).
```

A listagem revela então que se tem a base de conhecimento seguinte:

```
?- listing.

p(a).
p(b).
p(c).
yes
```

A manipulação das bases de conhecimento é útil. Em particular, é útil para armazenar os resultados de avaliações, de modo a que se for necessário avaliar o mesmo no futuro não seja necessário repetir a tarefa: procura-se apenas o facto que foi acrescentado. Esta técnica é denominada memoização[1] e em algumas aplicações pode aumentar bastante a eficiência. Vejamos um exemplo simples que ilustra esta técnica:

```
:- dynamic consulta/3.

soma_ao_quadrado(X,Y,Res):-
    consulta(X,Y,Res), !.

soma_ao_quadrado(X,Y,Res):-
    Res is (X+Y)*(X+Y),
    assert(consulta(X,Y,Res)).
```

O que faz este programa? Recebe dois números X e Y, soma X com Y, e eleva o resultado ao quadrado. Por exemplo:

```
?- soma_ao_quadrado(3,7,X).

X = 100
yes
```

---

[1] NdT: do inglês *memoisation*. É usada também a designação *caching*.

A questão importante é: *como* é que isto é feito? Note-se que se declarou `consulta/3` como um predicado dinâmico. Isto é necessário, pois temos a intenção de alterar a definição de `consulta/3` durante a execução. Note-se ainda que existem duas cláusulas na definição de `soma_ao_quadrado/3`. A segunda cláusula realiza os cálculos aritméticos necessários e acrescenta o resultado à base de conhecimento usando o predicado `consulta/3` (isto é, memoriza o resultado). A primeira cláusula verifica na base de conhecimento se o cálculo já foi realizado anteriormente. Se já tiver sido, o programa devolve o resultado, e o corte impede-o de considerar a segunda cláusula.

Vejamos um exemplo. Suponha-se que se avalia

```
?- soma_ao_quadrado(3,4,Y).

Y = 49
yes
```

Se pedirmos uma listagem, constatamos que a base de conhecimento contém agora

```
consulta(3, 7, 100).
consulta(3, 4, 49).
```

Se mais adiante voltarmos a pedir para somar 3 e 4 e elevar o resultado ao quadrado, já não repetirá os cálculos. Em vez disso, devolve o resultado já previamente calculado.

Pergunta: como se removem todos estes novos factos quando já não precisarmos deles? Se avaliarmos

```
?- retract(consulta(X,Y,Z)).
```

o Prolog percorrerá todos os factos um a um e pergunta-nos se os queremos remover! Mas existe um modo mais simples. Basta avaliar

```
?- retractall(consulta(_,_,_)).
```

Isto remove da base de conhecimento todos os factos acerca do predicado `consulta/3`.

Para concluir a análise da manipulação das bases de conhecimento, um aviso. Embora seja uma técnica útil, a manipulação das bases de conhecimento pode conduzir a programas poucos elegantes e difíceis de compreender. Se for muito usada num programa cuja execução tenha muitos retrocessos, perceber o que está a acontecer pode ser um pesadelo. É uma característica não declarativa e não lógica do Prolog que deve ser usada com cautela.

11.2 Recolha de soluções

Pode haver muitas soluções quando se avalia um dado objetivo. Por exemplo, suponha-se que estamos a trabalhar com a base de conhecimento

```
filho(martha,charlotte).
filho(charlotte,caroline).
filho(caroline,laura).
filho(laura,rose).

descendente(X,Y) :- filho(X,Y).

descendente(X,Y) :- filho(X,Z),
                    descendente(Z,Y).
```

Se avaliarmos

```
descendente(martha,X).
```

existem quatro soluções (X=charlotte, X=caroline, X=laura e X=rose).

O Prolog gera estas soluções uma a uma. Por vezes, gostaríamos de ter *todas* as soluções resultantes da avaliação de um objetivo, e gostaríamos de as obter de uma forma organizada e fácil de usar. O Prolog dispõe de três predicados pré-definidos para o fazer: findall, bagof e setof. No fundo, todos estes predicados reunem todas as soluções resultantes da avaliação de um objetivo e colocam-nas numa única lista — mas existem diferenças importantes entre eles, como veremos.

O predicado findall/3

O objetivo

```
?- findall(Objeto,Objetivo,Lista).
```

produz uma lista Lista de todos os objetos Objecto que satisfazem o objetivo Objetivo. Frequentemente, Objeto é apenas uma variável, caso em que o objetivo pode ser visto como: *dá-me uma lista contendo todas as instanciações de* Objeto *que satisfazem o* Objetivo.

Vejamos um exemplo. Suponha-se que estamos a trabalhar com a base de conhecimento anterior (isto é, com a informação acerca do predicado filho e da definição de descendente). Se avaliarmos

```
?- findall(X,descendente(martha,X),Z).
```

estamos a pedir uma lista Z contendo todos os valores de X que satisfazem descendente(martha,X). O Prolog responde

```
X = _7489
Z = [charlotte,caroline,laura,rose]
```

Mas Objeto não tem de ser uma variável. Pode ser um termo complexo que contém uma variável que também ocorre em Objetivo. Por exemplo, podemos querer definir um novo predicado deMartha/1 que só se verifica para os descendentes da Martha. Podemos fazer isto avaliando

```
?- findall(deMartha(X),descendente(martha,X),Z).
```

Estamos deste modo a pedir uma lista Z contendo todas as instanciações de deMartha(X) que satisfaçam o objetivo descendente(martha,X). O Prolog responde

```
X = _7616
Z = [deMartha(charlotte),deMartha(caroline),
            deMartha(laura),deMartha(rose)]
```

O que acontece se avaliarmos o objetivo seguinte?

```
?- findall(X,descendente(mary,X),Z).
```

Como não há soluções para o objetivo descendente(mary,X) na base de conhecimento, o predicado findall/3 devolve a lista vazia.

Observe-se que os dois primeiros argumentos de findall/3 têm usualmente uma variável em comum (pelo menos). Quando se usa findall/3, pretendemos tipicamente saber que soluções o Prolog encontra para certas variáveis no objetivo, e indicamos no primeiro argumento quais as variáveis em Objetivo em que estamos interessados.

No entanto, pode haver situações em que o predicado findall/3 é útil mesmo quando os dois primeiros argumentos não partilham variáveis. Por exemplo, se não estivermos interessados em saber exatamente quem são os descendentes da Martha, mas quisermos saber apenas quantos são esses descendentes, pode usar-se o seguinte objetivo:

```
?- findall(Y,descendente(martha,X),Z), length(Z,N).
```

O predicado bagof/3

O predicado findall/3 é útil, mas em certas situações o seu resultado é pouco elegante. Por exemplo, suponha-se que se avalia

```
?- findall(Filho,descendente(Mae,Filho),Lista).
```

Obtemos a resposta

11.2. RECOLHA DE SOLUÇÕES

```
Filho = _6947
Mae = _6951
Lista = [charlotte,caroline,laura,rose,caroline,
        laura,rose,laura,rose,rose]
```

Isto está correto, mas por vezes poderá ser útil ter listas separadas para cada uma das diferentes instanciações de Mae.

É isto que o predicado bagof/3 nos permite fazer. Se avaliarmos

```
?- bagof(Filho,descendente(Mae,Filho),Lista).
```

obtemos a resposta

```
Filho = _7736
Mae = caroline
Lista = [laura,rose] ;

Filho = _7736
Mae = charlotte
Lista = [caroline,laura,rose] ;

Filho = _7736
Mae = laura
Lista = [rose] ;

Filho = _7736
Mae = martha
Lista = [charlotte,caroline,laura,rose] ;
no
```

Isto é, bagof/3 é mais preciso que findall/3. Dá-nos a oportunidade de extrair a informação pretendida de uma forma mais estruturada. Para além disso, o predicado bagof/3 consegue também desempenhar a mesma tarefa que o predicado findall/3, com a ajuda de uma construção sintática especial, a saber, ^:

```
?- bagof(Filho,Mae^descendente(Mae,Filho),Lista).
```

O que está aqui a ser afirmado é o seguinte: *dá-me uma lista de todos os valores de* Filho *tais que* descendente(Mae,Filho), *e coloca o resultado numa lista, mas não te preocupes em gerar uma lista separada para cada valor de* Mae. Assim, da avaliação deste objetivo resulta

```
Filho = _7870
Mae = _7874
```

```
Lista = [charlotte,caroline,laura,rose,caroline,
         laura,rose,laura,rose,rose]
```

Observe-se que esta é exatamente a resposta que o predicado findall/3 nos daria. Mas, se é este o tipo pergunta que quer fazer (e muitas vezes é) é mais simples usar o predicado findall/3, pois nesse caso não tem de se preocupar em escrever explicitamente as condições relativas a ^.

Existe uma diferença importante entre findall/3 e bagof/3, designadamente o facto de o predicado bagof/3 falhar se o objetivo especificado no seu segundo argumento não for satisfeito (recorde-se que neste caso findall/3 devolve a lista vazia). Assim, a avaliação de bagof(X,descendente(mary,X),Z) é no.

Uma nota final: considere-se novamente o objetivo

```
?- bagof(Filho,descendente(Mae,Filho),Lista).
```

Como vimos anteriormente, este objetivo tem quatro soluções. Mas, uma vez mais, o Prolog gera-as uma a uma. Não seria agradável se conseguíssemos reuni-las todas numa única lista?

E podemos. A maneira mais simples é usar o predicado findall/3. O objetivo

```
?- findall(Lista,
           bagof(Filho,descendente(Mae,Filho),Lista),
           Z).
```

reúne todas as respostas de bagof/3 numa só lista:

```
Lista = _8293
Filho = _8297
Mae = _8301
Z = [[laura,rose],[caroline,laura,rose],[rose],
              [charlotte,caroline,laura,rose]]
```

Uma outra forma de o fazer é com o predicado bagof/3:

```
?- bagof(Lista,
      Filho^Mae^bagof(Filho,descendente(Mae,Filho),Lista),
      Z).

Lista = _2648
Filho = _2652
Mae = _2655
Z = [[laura,rose],[caroline,laura,rose],[rose],
              [charlotte,caroline,laura,rose]]
```

Isto talvez não seja o tipo de coisa de que precisemos frequentemente, mas ilustra a flexibilidade e o poder destes predicados.

O predicado `setof/3`

O predicado `setof/3` é basicamente o mesmo que `bagof/3`, mas com uma diferença útil: as listas que devolve estão *ordenadas* e *não contêm redundâncias* (isto é, nenhuma lista contém elementos repetidos).

Por exemplo, suponha-se que se tem a seguinte base de conhecimento:

```
idade(harry,13).
idade(draco,14).
idade(ron,13).
idade(hermione,13).
idade(dumbledore,60).
idade(hagrid,30).
```

Suponha-se que queremos uma lista de todas as pessoas cuja idade está registada na base de conhecimento. Podemos fazê-lo avaliando

```
?- findall(X,idade(X,Y),Res).

X = _8443
Y = _8448
Res = [harry,draco,ron,hermione,dumbledore,hagrid]
```

Mas talvez preferíssemos que a lista que se obtém estivesse ordenada. Podemos consegui-lo avaliando

```
?- setof(X,Y^idade(X,Y),Res).
```

(Note-se que, tal como com `bagof/3`, é necessário indicar a `setof/3` que não deve gerar listas separadas para cada valor de Y, e para tal usamos novamente o símbolo ^.) O resultado desta avaliação é

```
X = _8711
Y = _8715
Res = [draco,dumbledore,hagrid,harry,hermione,ron]
```

Observe-se que a lista está ordenada por ordem alfabética.

Suponha-se agora que estamos interessados em reunir as idades que estão registadas na base de conhecimento. Claro que o podemos fazer avaliando o objetivo

```
?- findall(Y,idade(X,Y),Res).

Y = _8847
X = _8851
Res = [13,14,13,13,60,30]
```

Mas esta resposta é um pouco confusa. Não está ordenada e contém repetições. Usando `setof/3` conseguimos obter a mesma informação, mas de uma forma mais clara:

```
?- setof(Y,X^idade(X,Y),Res).

Y = _8981
X = _8985
Res = [13,14,30,60]
```

Entre eles, estes três predicados oferecem uma grande flexibilidade no que respeita à recolha de soluções. Em muitas situações, tudo o que é necessário é o predicado `findall/3`, mas se for preciso mais, os predicados `bagof/3` e `setof/3` estão aí para nos ajudar. Mas há que ter em conta que existe uma importante diferença entre `findall/3` por um lado, e `bagof/3` e `setof/3` por outro: `findall/3` devolve a lista vazia se o objetivo não tiver soluções, enquanto a avaliação de `bagof/3` e `setof/3` falha nessa mesma situação.

11.3 Exercícios

Exercício 11.1 Suponha-se que começamos com a base de conhecimento vazia e avaliamos

```
assert(q(a,b)), assertz(q(1,2)), asserta(q(foo,blug)).
```

O que contém agora a base de conhecimento?
Em seguida avaliamos

```
retract(q(1,2)), assertz( (p(X) :- h(X)) ).
```

O que contém agora a base de conhecimento?
Por fim, avaliamos

```
retractall(q(_,_)).
```

O que contém agora a base de conhecimento?

Exercício 11.2 Suponha-se que temos a seguinte base de conhecimento:

```
q(blob,blug).
q(blob,blag).
q(blob,blig).
q(blaf,blag).
q(dang,dong).
q(dang,blug).
q(flab,blob).
```

11.3. EXERCÍCIOS

Qual é a resposta do Prolog a cada um dos seguintes objetivos?

```
findall(X,q(blob,X),Lista).
findall(X,q(X,blug),Lista).
findall(X,q(X,Y),Lista).
bagof(X,q(X,Y),Lista).
setof(X,Y^q(X,Y),Lista).
```

Exercício 11.3 Escreva um predicado sigma/2 que recebe um inteiro $n > 0$ e calcula a soma dos inteiros de 1 até n. Por exemplo:

```
?- sigma(3,X).
X = 6
yes
?- sigma(5,X).
X = 15
yes
```

Escreva o predicado de modo a que os resultados sejam armazenados na base de conhecimento (não pode haver mais do que uma ocorrência de cada valor na base de conhecimento) e sejam reutilizados sempre que tal seja possível. Por exemplo, suponha-se que se avalia:

```
?- sigma(2,X).
X = 3
yes
?- listing.
sigmares(2,3).
```

Se de seguida se avaliar

```
?- sigma(3,X).
```

o Prolog não deve calcular tudo de novo, mas deve obter o resultado para sigma(2,3) a partir da base de conhecimento e apenas adicionar 3 a esse valor. Deve então responder:

```
X = 6
yes
?- listing.
sigmares(2,3).
sigmares(3,6).
```

11.4 Sessão prática

Faça os seguintes dois exercícios de programação:

1. Os conjuntos podem ser vistos como listas que não contêm elementos repetidos. Por exemplo, [a,4,6] é um conjunto, mas [a,4,6,a] não é (uma vez que contém duas ocorrências de a). Escreva um programa Prolog que defina o predicado subconj/2 que se verifica quando o primeiro argumento é subconjunto do segundo argumento (isto é, todo o elemento do primeiro argumento é elemento do segundo argumento). Por exemplo:

   ```
   ?- subconj([a,b],[a,b,c]).
   yes

   ?- subconj([c,b],[a,b,c]).
   yes

   ?- subconj([],[a,b,c]).
   yes
   ```

   O seu programa deve ser capaz de gerar todos os subconjuntos de um conjunto de entrada usando retrocesso. Por exemplo, se se avaliar

   ```
   ?- subconj(X,[a,b,c]).
   ```

   deve gerar sucessivamente todos os oito subconjuntos de [a,b,c].

2. Usando o predicado subconj acabado de definir, bem como o predicado findall/3, defina um predicado partes/2 que recebe um conjunto no primeiro argumento e devolve o conjunto das partes desse conjunto no segundo argumento. O conjunto das partes de um conjunto é o conjunto de todos os seus subconjuntos. Por exemplo, a avaliação de

   ```
   ?- partes([a,b,c],P).
   ```

   deve ser

   ```
   P = [[],[a],[b],[c],[a,b],[a,c],[b,c],[a,b,c]]
   ```

   A ordem pela qual os conjuntos são apresentados não é relevante. Por exemplo,

   ```
   P = [[a],[b],[c],[a,b,c],[],[a,b],[a,c],[b,c]]
   ```

   também é uma resposta possível.

Capítulo 12
Utilização de ficheiros

> Neste capítulo estudam-se vários aspetos da manipulação de ficheiros e de modularidade. Vamos aprender três coisas:
> 1. Como se pode distribuir as definições dos predicados por diferentes ficheiros.
> 2. Como escrever programas de forma modular.
> 3. Como escrever resultados em ficheiros e como ler dados a partir de ficheiros.

12.1 Distribuição de programas por ficheiros

Neste momento o leitor já deve ter escrito muitos programas que usam os predicados append/3 e member/2. O que provavelmente deve ter feito cada vez que precisou de um deles foi copiar a sua definição para o ficheiro onde o pretendia utilizar. Depois de o ter feito diversas vezes, deve ter começado a pensar que é muito aborrecido ter de estar sempre a copiar as mesmas definições de predicados — como seria conveniente poder defini-los algures de uma vez por todas e depois aceder-lhes sempre que necessário. Isto parece um requisito razoável e, claro, o Prolog disponibiliza uma maneira de o fazer.

Leitura de programas

Com efeito, o leitor já aprendeu uma forma de dizer ao Prolog como ler definições de predicados guardadas num ficheiro, designadamente usando o comando

[NomeFicheiro1]

Tem vindo a usar objetivos deste tipo para indicar ao Prolog que consulte ficheiros. Mas existem mais dois conceitos úteis que deve conhecer. Em primeiro lugar, pode consultar vários ficheiros ao mesmo tempo escrevendo

[NomeFicheiro1,NomeFicheiro2,...,NomeFicheiroN]

Em segundo lugar, e mais importante, a consulta de ficheiros *não* tem de ser feita interativamente. Se escrever

:- [NomeFicheiro1,NomeFicheiro2,...,NomeFicheiroN].

no início do ficheiro (por exemplo, main.pl) onde está o seu programa, está a indicar ao Prolog que deve começar por consultar os ficheiros referidos antes de continuar a ler o programa.

Esta funcionalidade dá-nos uma forma simples de reutilizar definições. Por exemplo, suponha que tem as definições de todos os predicados para a manipulação básica de listas (tais como append/3, member/2 e assim por diante) num ficheiro chamado predicadosLista.pl. Se os quiser utilizar, basta escrever

:- [predicadosLista].

no início do ficheiro que contém o programa que os usa. O Prolog consultará predicadosLista quando ler esse ficheiro, e todas as definições de resultados em predicadosLista ficam disponíveis.

Existe um aspeto prático a que o leitor deve prestar atenção. Quando o Prolog carrega os ficheiros, não verifica se precisam mesmo de ser consultados.

12.1. DISTRIBUIÇÃO DE PROGRAMAS POR FICHEIROS

Se as definições dos predicados contidas num dos ficheiros já estiveram na base de conhecimento porque esse ficheiro já foi consultado previamente, o Prolog consulta-o novamente, apesar de não ser necessário. Isto pode ser desagradável se se estiverem a consultar ficheiros muito grandes.

O predicado pré-definido `ensure_loaded/1` comporta-se de um modo mais inteligente nestas situações. Funciona como se segue. Ao encontrar o comando

```
:- ensure_loaded([predicadosLista]).
```

o Prolog verifica se o ficheiro `predicadosLista.pl` já foi carregado, e carrega-o apenas se tiver sido alterado desde a última consulta.

Módulos

Suponha que está a escrever um programa que gere uma base de dados relativa a filmes. Definiu um predicado `listaAtores` que escreve todos os atores que entram num dado filme, e um predicado `listaFilmes` que escreve todos os filmes realizados por um dado realizador. As definições estão guardadas em ficheiros diferentes, designadamente `listaAtores.pl` e `listaFilmes.pl`, e ambas usam um predicado auxiliar `escreveLista/1`. Eis o primeiro ficheiro:

```
% Este é o ficheiro: listaAtores.pl

listaAtores(Filme):-
   setof(Ator,entra(Ator,Filme),Lista),
   escreveLista(Lista).

escreveLista([]):- nl.
escreveLista([X|L]):-
   write(X), tab(1),
   escreveLista(L).
```

E aqui está o segundo:

```
% Este é o ficheiro: listaFilmes.pl

listaFilmes(Realizador):-
   setof(Filme,realizado(Realizador,Filme),Lista),
   escreveLista(Lista).

escreveLista([]):- nl.
escreveLista([X|L]):-
   write(X), nl,
   escreveLista(L).
```

Note que `escreveLista/1` tem diferentes definições nos dois ficheiros: os atores são apresentados numa linha (usando `tab/1`), e os filmes são apresentados numa coluna (usando `nl/0`). Isto dará origem a conflitos? Vamos ver. Carregam-se os dois programas escrevendo

```
% Este é o ficheiro: main.pl

:- [listaAtores].
:- [listaFilmes].
```

no início do ficheiro principal. Ao consultar este ficheiro, irá aparecer uma mensagem como a seguinte:

```
?- [main].
{consulting main.pl...}
{consulting listaAtores.pl...}
{listaAtores.pl consulted, 10 msec 296 bytes}
{consulting listaFilmes.pl...}
The procedure escreveLista/1 is being redefined.
    Old file: listaAtores.pl
    New file: listaFilmes.pl
Do you really want to redefine it? (y, n, p, or ?)
```

O que aconteceu? Como os ficheiros `listaAtores.pl` e `listaFilmes.pl` definem um predicado `escreveLista/1`, o Prolog precisa de escolher uma das duas definições (não pode ter duas definições diferentes para um predicado na sua base de conhecimento).

O que fazer? Em algumas destas situações talvez queira mesmo redefinir um predicado. Mas neste caso não quer — quer duas definições diferentes porque quer que os filmes e os atores sejam apresentados de modo diferente. Uma forma de resolver este problema é dar um nome diferente a um dos predicados. Mas convenhamos que esta não é a solução mais elegante. Pretende-se ver cada ficheiro como uma entidade conceptualmente autossuficiente; não se pretende perder nem tempo nem energia a pensar que nomes foram usados num outro ficheiro. A forma mais natural de conseguir a desejada independência conceptual é usar o sistema de módulos do Prolog.

Os módulos permitem, essencialmente, esconder definições de predicados. Podemos escolher que predicados devem ser públicos (isto é, que podem ser usados por partes do programa guardadas noutros ficheiros) e que predicados devem ser privados (isto é, que apenas podem ser usados dentro do próprio módulo). Assim, não vai ser possível usar predicados privados fora do módulo onde estão definidos, mas não vão existir conflitos se dois módulos definirem internamente o mesmo predicado. No exemplo dado, `escreveLista/1` é um

12.1. DISTRIBUIÇÃO DE PROGRAMAS POR FICHEIROS

bom candidato a predicado privado; desempenha uma tarefa auxiliar tanto em listaAtores/1 como em listaFilmes/1, e os detalhes da tarefa que desempenha num dos predicados não são relevantes para o outro.

Pode converter-se um ficheiro num módulo colocando uma declaração de módulo no início. As declarações de módulo são da seguinte forma:

```
:- module(NomeModulo,
          Lists_de_Predicados_a_Exportar).
```

Estas declarações especificam o nome do módulo e a lista dos predicados públicos, isto é, a lista dos predicados que se querem exportar. Estes serão os únicos predicados acessíveis fora do módulo.

Vamos tornar modulares os programas da nossa base de dados de filmes. É apenas necessário incluir a seguinte linha no início do primeiro ficheiro:

```
% Este é o ficheiro: listaAtores.pl

:- module(listaAtores,[listaAtores/1]).

listaAtores(Filme):-
    setof(Ator,entra(Ator,Filme),Lista),
    escreveLista(Lista).

escreveLista([]):- nl.
escreveLista([X|L]):-
    write(X), tab(1),
    escreveLista(L).
```

Acabámos de definir um módulo chamado listaAtores com o predicado público listaAtores/1. O predicado escreveLista/1 é apenas conhecido no âmbito do módulo listaAtores, pelo que a sua definição não afeta outros módulos.

Podemos, de igual modo, converter o segundo ficheiro num módulo:

```
% Este é o ficheiro: listaFilmes.pl

:- module(listaFilmes,[listaFilmes/1]).

listaFilmes(Realizador):-
    setof(Filme,realizado(Realizador,Filme),Lista),
    escreveLista(Lista).

escreveLista([]):- nl.
escreveLista([X|L]):-
```

```
write(X), nl,
escreveLista(L).
```

Uma vez mais, a definição de `escreveLista/1` apenas é conhecida no âmbito do módulo `listaFilmes`, pelo que não haverá nenhum conflito quando se carregam simultaneamente os dois módulos.

Os módulos podem ser carregados recorrendo ao predicado pré-definido `use_module/1`. Este vai importar todos os predicados que são declarados como públicos pelo módulo. Por outras palavras, todos os predicados públicos ficam acessíveis. Para tal há que alterar o ficheiro principal como se segue:

```
% Este é o ficheiro: main.pl

:- use_module(listaAtores).
:- use_module(listaFilmes).
```

Se não pretendermos usar todos os predicados públicos de um módulo, mas apenas alguns, podemos usar a versão binária de `use_module`, que recebe no segundo argumento uma lista dos predicados que se querem importar. Assim, escrevendo

```
% Este é o ficheiro: main.pl

:- use_module(listaAtores,[listaAtores/1]).
:- use_module(listaFilmes,[listaFilmes/1]).
```

no início do ficheiro principal, estamos a indicar explicitamente que podemos usar `listaAtores/1` e `listaFilmes/1`, mas nada mais (neste caso, como é óbvio, a declaração é desnecessária uma vez que não há mais predicados públicos que pudessem ser usados). Como é evidente, apenas podemos importar predicados que sejam exportados pelo módulo relevante.

Bibliotecas

Muitos dos predicados mais comuns já estão pré-definidos, de uma forma ou de outra, na maioria das implementações do Prolog. Se o leitor tem vindo a usar o SWI Prolog, por exemplo, já deve ter constatado que predicados como `append/3` e `member/2` fazem parte do sistema. Isto é, no entanto, uma particularidade do SWI. Outras implementações do Prolog, como por exemplo o SICStus, não os disponibilizam como pré-definidos, mas sim como parte de uma biblioteca.

As bibliotecas são módulos que definem predicados usuais, e podem ser carregadas utilizando os comandos habituais para importar módulos. Ao especificar o nome da biblioteca que se pretende usar, há que indicar ao Prolog que

12.2. ESCREVER EM FICHEIROS

este módulo é uma biblioteca, de modo a que o Prolog saiba onde a procurar (designadamente, no local onde o Prolog guarda as suas bibliotecas, e não na diretoria onde o nosso código está). Por exemplo, ao escrever

```
:- use_module(library(lists)).
```

no início do ficheiro, indica-se ao Prolog para carregar uma biblioteca chamada `lists`. No SICStus Prolog esta biblioteca contém um conjunto de predicados usados com frequência para manipular listas.

As bibliotecas podem ser muito úteis e podem poupar muito trabalho. Para além disso, o código dessas bibliotecas foi tipicamente escrito por excelentes programadores, pelo que certamente será muito eficiente e sem erros. No entanto, o modo como as bibliotecas estão organizadas e o inventário de predicados disponibilizados por estas bibliotecas não é de modo algum uniforme nas diferentes implementações do Prolog. Isto significa que se o leitor quer que o seu programa funcione nas diferentes implementações, é provavelmente mais fácil e rápido definir as suas próprias bibliotecas (usando as técnicas estudadas na secção anterior) em vez de tentar contornar as incompatibilidades entre as bibliotecas das diferentes implementações do Prolog.

12.2 Escrever em ficheiros

Muitas aplicações exigem que os resultados sejam escritos num ficheiro, em vez de serem escritos no ecrã. Nesta secção explica-se como o fazer em Prolog.

Para escrever num ficheiro há que criar um (ou abrir um já existente) e associar-lhe um canal[1]. Podemos pensar em canais como ligações a ficheiros. Em Prolog os canais são batizados com nomes com um formato pouco natural, como por exemplo '\$stream'(183368). Felizmente não é necessário preocuparmo-nos com o nome exato — embora o Prolog atribua internamente estes nomes, podemos usar a unificação para associar o nome a uma variável, e usar essa variável em vez do nome do canal.

Suponha-se que se quer escrever 'Hogwarts' no ficheiro `hogwarts.txt`. Podemos fazê-lo como se segue:

```
...
open('hogwarts.txt',write,Canal),
write(Canal,'Hogwarts'), nl(Canal),
close(Canal),
...
```

O que aconteceu aqui? Em primeiro lugar, o predicado pré-definido `open/3` é usado para criar o ficheiro `hogwarts.txt`. O segundo argumento de `open/3`

---

[1] NdT: do inglês *stream*.

indica que queremos abrir um novo ficheiro (escrevendo por cima de qualquer ficheiro já existente com este nome). O terceiro argumento de open/3 devolve o nome do canal. Em segundo lugar, escrevemos 'Hogwarts' no canal e mudamos de linha. Por fim, fechamos o canal usando o predicado pré-definido close/1.

Isto é quase tudo o que há a dizer. Tal como prometido, não estamos interessados no nome do canal — usámos a variável Canal para contornar a situação. Observe-se ainda que o predicado write/2 aqui utilizado é, no fundo, uma forma mais geral do predicado write/1 usado no Capítulo 9 para escrever no ecrã.

E se não quisermos escrever por cima de um ficheiro existente, mas acrescentar a um já existente? Isto pode ser feito escolhendo um modo diferente de abrir o ficheiro: em vez de write tem de utilizar-se append como segundo argumento de open/3. Se não existir um ficheiro com esse nome, ele será criado.

12.3 Ler ficheiros

Nesta secção descrevemos como se podem ler ficheiros. Em Prolog, ler informação a partir de ficheiros é fácil — ou, pelo menos, é fácil se a informação estiver sob a forma de termos Prolog seguidos de pontos finais. Considere-se o ficheiro casas.txt:

```
gryffindor.
hufflepuff.
ravenclaw.
slytherin.
```

Vejamos um programa Prolog que abre este ficheiro, lê a informação nele contida, e a apresenta no ecrã:

```
main:-
   open('casas.txt',read,Str),
   read(Str,Casa1),
   read(Str,Casa2),
   read(Str,Casa3),
   read(Str,Casa4),
   close(Str),
   write([Casa1,Casa2,Casa3,Casa4]), nl.
```

Este programa abre um ficheiro em modo de leitura, de seguida lê quatro termos Prolog usando o predicado pré-definido read/2, fecha o canal, e escreve a informação sob a forma de lista.

12.3. LER FICHEIROS

Tudo muito simples. No entanto, o predicado `read/2` deve ser usado com cuidado. Em primeiro lugar, só é capaz de manipular termos Prolog (voltaremos a este assunto em breve). Em segundo lugar, dará origem a um erro de execução se for utilizado para ler de um canal quando não houver nada para ler. Haverá alguma forma elegante de ultrapassar este segundo problema?

Existe. O predicado pré-definido `at_end_of_stream/1` verifica se se atingiu o final de um canal, e pode ser usado como segurança. Para um canal X, `at_end_of_stream(X)` verifica-se quando se atinge o fim do canal X (por outras palavras, quando todos os termos do ficheiro correspondente já tiverem sido lidos).

O programa seguinte é uma versão modificada do programa anterior que ilustra como o predicado `at_end_of_stream/1` pode ser incorporado:

```
main:-
   open('casas.txt',read,Str),
   ler_casas(Str,Casas),
   close(Str),
   write(Casas), nl.

ler_casas(Canal,[]):-
   at_end_of_stream(Canal).

ler_casas(Canal,[X|L]):-
   \+ at_end_of_stream(Canal),
   read(Canal,X),
   ler_casas(Canal,L).
```

Analisemos agora o problema mais difícil. Recorde-se que `read/2` só lê termos Prolog. Se se pretender ler dados arbitrários, a situação complica-se pois o Prolog obriga-nos a ler a informação ao nível do carácter. O predicado necessário neste caso é `get_code/2`, o qual lê o próximo carácter disponível a partir de um canal. Em Prolog, os caracteres são representados pelos seus códigos, que são número inteiros. Por exemplo, `get_code/2` devolve 97 se o próximo carácter no canal for um a.

Em geral, não estamos interessados nestes códigos, mas sim nos caracteres — ou melhor, nos átomos que são constituídos por listas destes caracteres. Como conseguimos obter estas listas de caracteres? Uma forma é usar o predicado pré-definido `atom_codes/2`, que apresentámos no Capítulo 9, para converter uma lista de números inteiros no átomo correspondente. Usa-se esta técnica no exemplo seguinte, em que se define um predicado para ler uma palavra de um canal:

```prolog
lerPalavra(Canal,W):-
   get_code(Canal,Car),
   testarCarLerResto(Car,Cars,Canal),
   atom_codes(W,Cars).


testarCarLerResto(10,[],_):- !.

testarCarLerResto(32,[],_):- !.

testarCarLerResto(-1,[],_):- !.

testarCarLerResto(end_of_file,[],_):- !.

testarCarLerResto(Car,[Car|Cars],Canal):-
   get_code(Canal,Prox_Car),
   testarCarLerResto(Prox_Car,Cars,Canal).
```

Como é que isto funciona? Lê um carácter e verifica se esse carácter é um espaço em branco (código 32), uma mudança de linha (código 10) ou um fim de canal (código −1). Em qualquer destes casos foi lida uma palavra completa, em caso contrário lê-se o próximo carácter.

12.4 Exercícios

Exercício 12.1 Escreva um programa que crie `hogwart.casas`, um ficheiro com o seguinte aspeto:

```
        gryffindor
hufflepuff      ravenclaw
        slytherin
```

Pode usar os predicados pré-definidos `open/3`, `close/1`, `tab/2`, `nl/1` e `write/2`.

Exercício 12.2 Escreva um programa Prolog que lê um ficheiro de texto palavra a palavra, e armazena todas as palavras lidas, bem como a sua frequência, numa base de conhecimento. Pode usar o predicado `lerPalavra/2` para ler palavras. Use um predicado dinâmico `palavra/2` para armazenar as palavras, em que o primeiro argumento é uma palavra e o segundo argumento é a frequência dessa palavra.

12.5 Sessão prática

Nesta sessão prática queremos combinar o que aprendemos acerca de manipulação de ficheiros com alguns tópicos de capítulos anteriores. O objetivo é escrever um programa para avaliar o desempenho de uma GCD, usando um ficheiro de testes.

O que é um ficheiro de testes? É um ficheiro que contém uma grande quantidade de dados de entrada (e resultados esperados) para um programa. Neste caso, o ficheiro de testes vai ser um ficheiro contendo listas que representam frases gramaticais e agramaticais, tais como [him,shoots,woman] ou [the,woman,shoots,the,cow,under,the,shower]. O programa de teste deve ler este ficheiro, executar a gramática em cada uma das frases, e guardar os resultados num outro ficheiro. Podemos a seguir analisar o ficheiro com os resultados para verificar se a gramática respondeu sempre como devia. Estes ficheiros de teste são muito úteis quando se desenvolvem gramáticas, para garantir que modificações que sejam feitas na gramática não têm efeitos indesejados.

Passo 1

Considere a GCD que construiu na sessão prática do Capítulo 8 e converta-a num módulo, exportando o predicado f/3, isto é, o predicado que lhe permite analisar frases sintaticamente e devolve a árvore de análise sintática no primeiro argumento.

Passo 2

Na sessão prática do Capítulo 9 o leitor teve de escrever um programa para apresentar árvores de análise sintática. Converta-o também num módulo.

Passo 3

Modifique agora o programa de modo a que este escreva a árvore, não no ecrã, mas num dado canal. Isto significa que o predicado pparvore deve passar a ser um predicado binário cujos argumentos são uma representação Prolog de uma árvore de análise sintática e um canal.

Passo 4

Importe ambos os módulos para um ficheiro e defina um predicado binário teste que recebe no primeiro argumento uma lista que representa uma frase (por exemplo, [a,woman,kills]), faz a sua análise sintática, e escreve o resultado no ficheiro especificado no segundo argumento. Verifique que os resultados são os esperados.

Passo 5

Por fim, modifique `teste/2` de modo a que receba no primeiro argumento o nome de um ficheiro, em vez de uma frase, leia as frases contidas no ficheiro uma a uma, faça a sua análise sintática, e escreva as frases, bem como os resultados da análise, no ficheiro de resultados. Por exemplo, se o ficheiro de entrada for

[the,cow,under,the,table,shoots].

[a,dead,woman,likes,he].

o ficheiro de resultados deve ter o seguinte aspeto:

```
[the, cow, under, the, table, shoots]

   f(
      gn(
         det(the)
         nbar(
            n(cow))
         gp(
            prep(under)
            gn(
               det(the)
               nbar(
                  n(table)))))
      gv(
         v(shoots)))


[a, dead, woman, likes, he]

no
```

Passo 6

Se o leitor estiver interessado em programar a um nível de abstração mais baixo, experimente escrever um módulo que lê a partir de um ficheiro frases que terminem com um ponto final ou com uma mudança de linha, de modo a que o ficheiro de testes possa ser escrito como

12.5. SESSÃO PRÁTICA

```
the cow under the table shoots .

a dead woman likes he .
```

em vez de

```
[the,cow,under,the,table,shoots].

[a,dead,woman,likes,he].
```

Passo 7

Considere um ambiente de testes mais sofisticado, em que o ficheiro de testes passe a incluir informação acerca do resultado esperado (neste caso, se as frases são gramaticais ou não). Modifique o programa de modo a que este verifique se o resultado esperado coincide com o resultado obtido.

Apêndice A

Soluções dos exercícios

Sim, sim, o leitor está certo. Incluímos *mesmo* as soluções de todos os exercícios. Contra o que manda o bom senso. Acabámos por ceder à enorme pressão. E agora o leitor encontrou-as...

Mas não é porque nós fizemos um disparate que o leitor tem de o fazer também. Logo que veja a solução de um exercício, perderá para sempre a possibilidade de o resolver por si. Mas ainda está a tempo de corrigir a situação. Assim, não vire esta página! Volte atrás e tente de novo!

Não ouviu o que acabámos de dizer?
É a sua última oportunidade!

Solução 1.1

1. vINCENT é um átomo: começa com letra minúscula.
2. Footmassage é uma variável: começa com letra maiúscula.
3. variable23 é um átomo: começa com letra minúscula.
4. Variable2000 é uma variável: começa com letra maiúscula.
5. hamburguer_big_kahuna é um átomo: começa com letra minúscula.
6. 'hamburguer big kahuna' é um átomo: está entre plicas.
7. hamburguer big kahuna não é uma coisa nem outra: as variáveis nunca incluem espaços, e o mesmo acontece com os átomos — a menos que o átomo comece e termine com uma plica.
8. 'Jules' é um átomo: está entre plicas.
9. _Jules é uma variável: começa com *underscore*.
10. '_Jules' é um átomo: está entre plicas.

Solução 1.2

1. gosta(Vincent,mia) é um termo complexo. O functor é gosta e a aridade é 2.
2. 'gosta(Vincent,mia)' é um átomo: está entre plicas.
3. Butch(pugilista) não é um termo. Começa com letra maiúscula, pelo que não pode ser nem um átomo nem um termo complexo. Também não pode ser uma variável porque as variáveis não contêm parênteses.
4. pugilista(Butch) é um termo complexo. O functor é pugilista e a aridade é 1.
5. e(grande(hamburger),kahuna(hamburger)) é um termo complexo. O functor é e e a aridade é 2. Os argumentos são de novo termos complexos.
6. e(grande(X),kahuna(X)) é um termo complexo. O functor é e e a aridade é 2.
7. _e(grande(X),kahuna(X)) não é um termo. Começa com *underscore* e portanto não pode ser nem um átomo nem um termo complexo. Também não pode ser uma variável porque as variáveis não contêm parênteses ou vírgulas.

8. (Butch mata Vincent) não é um termo. Contém parênteses e espaços em branco e portanto não pode ser nem um átomo nem uma variável. Também não tem a forma correta para ser um termo complexo; em particular, não tem functor.

9. mata(Butch Vincent) não é um termo. No entanto, se acrescentássemos uma vírgula entre Butch e Vincent passava a ser um termo complexo.

10. mata(Butch,Vincent não é um termo. No entanto, se acrescentássemos um parênteses direito no fim passava a ser um termo complexo.

Solução 1.3

Existem três factos e quatro regras nesta base de conhecimento. Isto significa que existem sete cláusulas. As cabeças das regras são pessoa(X), gosta(X,Y) e pai(Y,Z) (tudo o que está no lado esquerdo das regras), e os objetivos são homem(X), mulher(X), pai(X,Y), homem(Y), filho(Z,Y) e filha(Z,Y) (tudo o que está no lado direito das regras). Esta base de conhecimento define cinco predicados, a saber, mulher/1, homem/1, pessoa/1, gosta/2 e pai/2.

Solução 1.4

Segue-se um exemplo de solução. A sua solução não tem de ser *exatamente* esta. O primeiro facto também poderia ser assassino('Butch') ou assassino(b) ou mesmo a(50), caso tivesse decidido representar Butch através do número 50 e a propriedade de ser assassino pelo predicado a/1.

1. assassino(butch).

2. casados(mia, marsellus).

3. morto(zed).

4. mata(marsellus,X):- faz(X,mia,Y), massagem(Y).

5. gosta(mia,X):- dancar_bem(X).

6. come(jules,X):- nutritivo(X).
   come(jules,X):- saboroso(X).

Solução 1.5

1.   ?- feiticeiro(ron).
         yes

2.   ?- feiticeira(ron).
         no

   ou

         ERROR: Undefined procedure: feiticeira/1

3.   ?-feiticeiro(hermione).
         no

4.   ?- feiticeira(hermione).
         no

   ou

         ERROR: Undefined procedure: feiticeira/1

5.   ?- feiticeiro(harry).
         yes

6.   ?- feiticeiro(Y).
         Y = ron ;
         Y = harry ;
         no

7.   ?- feiticeira(Y).
         no

   ou

         ERROR: Undefined procedure: feiticeira/1

Solução 2.1

1. pao = pao são unificáveis.
2. 'Pao' = pao não são unificáveis.
3. 'pao' = pao são unificáveis.
4. Pao = pao são unificáveis; a variável Pao é instanciada com o átomo pao.

5. `pao = salsicha` não são unificáveis.

6. `comida(pao) = pao` não são unificáveis.

7. `comida(pao) = X` são unificáveis; `X` é instanciada com `comida(pao)`.

8. `comida(X) = comida(pao)` são unificáveis; `X` é instanciada com `pao`.

9. `comida(pao,X) = comida(Y,salsicha)` são unificáveis; `X` é instanciada com `salsicha` e `Y` é instanciada com `pao`.

10. `comida(pao,X,cerveja) = comida(Y,salsicha,X)` não são unificáveis; `X` não pode ser instanciada com `salsicha` nem com `cerveja`.

11. `comida(pao,X,cerveja) = comida(Y,hamburguer_kahuna)` também não são unificáveis; os functores têm aridades diferentes.

12. `comida(X) = X` é mais subtil. De acordo com a definição básica de unificação apresentada no texto, estes dois termos não são unificáveis, dado que qualquer que seja o termo (finito) com que se instancie `X`, os dois lados não serão idênticos. Contudo, como referido no texto, os interpretadores do Prolog mais recentes são capazes de detetar que existe um problema e instanciarão `X` com o "termo infinito" `comida(comida(comida(...)))`, e responderão que a instanciação tem sucesso. Em resumo, não há uma resposta "correta" a esta pergunta; é essencialmente uma questão de convenção. O que é importante é perceber porque é que tais unificações têm de ser tratadas com cuidado.

13. `refeicao(comida(pao),bebida(cerveja)) = refeicao(X,Y)` são unificáveis; `X` é instanciada com `comida(pao)` e `Y` com `bebida(cerveja)`.

14. `refeicao(comida(pao),X) = refeicao(X,bebida(cerveja))` não são unificáveis; `X` não pode ser instanciada duas vezes com valores diferentes.

Solução 2.2

1.   `?- magico(elfo_domestico).`
       `no`

2.   `?- feiticeiro(harry).`
       `no`

   ou

       `ERROR: undefined procedure feiticeiro/1`

3. ?- magico(feiticeiro).
   no

4. ?- magico('McGonagall').
   yes

5. ?- magico(Hermione).
   Hermione = dobby ;
   Hermione = hermione ;
   Hermione = 'McGonagall' ;
   Hermione = rita_skeeter ;
   no

A árvore de pesquisa para o último objetivo é:

Solução 2.3

```
?- frase(W1,W2,W3,W4,W5).
W1 = um,
W2 = criminoso,
W3 = come,
W4 = um,
W5 = criminoso ;
```

```
W1 = um,
W2 = criminoso,
W3 = come,
W4 = um,
W5 = 'hamburguer big kahuna' ;

W1 = um,
W2 = criminoso,
W3 = come,
W4 = qualquer,
W5 = criminoso ;

W1 = um,
W2 = criminoso,
W3 = come,
W4 = qualquer,
W5 = 'hamburguer big kahuna' ;

W1 = um,
W2 = criminoso,
W3 = gosta,
W4 = um,
W5 = criminoso ;

W1 = um,
W2 = criminoso,
W3 = gosta,
W4 = um,
W5 = 'hamburguer big kahuna' ;

W1 = um,
W2 = criminoso,
W3 = gosta,
W4 = qualquer,
W5 = criminoso ;

W1 = um,
W2 = criminoso,
W3 = gosta,
W4 = qualquer,
W5 = 'hamburguer big kahuna' ;
```

```
    W1 = um,
    W2 = 'hamburguer big kahuna',
    W3 = come,
    W4 = um,
    W5 = criminoso ;

             .
             .
             .

    W1 = qualquer,
    W2 = 'hamburguer big kahuna',
    W3 = gosta,
    W4 = qualquer,
    W5 = 'hamburguer big kahuna' ;
    no
```

Solução 2.4

```
palavras_cruzadas(V1,V2,V3,H1,H2,H3):-
    palavra(V1,_,A,_,B,_,C,_),
    palavra(V2,_,D,_,E,_,F,_),
    palavra(V3,_,G,_,H,_,I,_),
    palavra(H1,_,A,_,D,_,G,_),
    palavra(H2,_,B,_,E,_,H,_),
    palavra(H3,_,C,_,F,_,I,_).
```

Solução 3.1

Não é uma boa ideia reformular o predicado descendente/2 dessa forma: vai entrar em ciclo infinito quando se avaliar certos objetivos. Por exemplo, se se avaliar ?- descendente(rose,X), a primeira cláusula falhará, mas a segunda cláusula vai poder ser aplicada. Esta cláusula tenta encontrar uma solução para ?- descendente(rose,Z), e assim por diante.

Solução 3.2

```
imediatamente_dentro(irina,natasha).
imediatamente_dentro(natasha,olga).
imediatamente_dentro(olga,katarina).
```

```
dentro(X,Y):- imediatamente_dentro(X,Y).
dentro(X,Y):- imediatamente_dentro(X,Z), dentro(Z,Y).
```

Solução 3.3

```
viajar_de_para(X,Y):-
   comboio_direto(X,Y).

viajar_de_para(X,Y):-
   comboio_direto(X,Z),
   viajar_de_para(Z,Y).
```

Solução 3.4

```
maior_que(suc(X),0).
maior_que(suc(X),suc(Y)):- maior_que(X,Y).
```

Solução 3.5

```
troca(folha(X),folha(X)).
troca(arvore(B1,B2),arvore(B2Trocada,B1Trocada)):-
   troca(B1,B1Trocada),
   troca(B2,B2Trocada).
```

Solução 4.1

1. ```
   ?- [a,b,c,d] = [a,[b,c,d]].
   no
   ```

   (A primeira lista tem quatro elementos; a segunda só tem dois.)

2. ```
   ?- [a,b,c,d] = [a|[b,c,d]].
   yes
   ```

3. ```
   ?- [a,b,c,d] = [a,b,[c,d]].
   no
   ```

4. ```
   ?- [a,b,c,d] = [a,b|[c,d]].
   yes
   ```

5. ```
   ?- [a,b,c,d] = [a,b,c,[d]].
   no
   ```
   ```

6. ?- [a,b,c,d] = [a,b,c|[d]].
    yes

7. ?- [a,b,c,d] = [a,b,c,d,[]].
    no

8. ?- [a,b,c,d] = [a,b,c,d|[]].
    yes

9. ?- [] = _.
    yes

10. ?- [] = [_].
    no

    (A primeira lista é a lista vazia; a segunda tem um elemento.)

11. ?- [] = [_|[]].
    no

    (A primeira lista é a lista vazia; a segunda tem um elemento.)

Solução 4.2

1. [1|[2,3,4]] está correta. A lista tem quatro elementos.

2. [1,2,3|[]] está correta. A lista tem três elementos.

3. [1|2,3,4] não está correta. A cauda, isto é, o que está à direita de |, tem de ser uma lista (como no primeiro exemplo), mas não é.

4. [1|[2|[3|[4]]]] está correta. A lista tem quatro elementos.

5. [1,2,3,4|[]] está correta. A lista tem quatro elementos.

6. [[]|[]] está correta. A lista tem um elemento, a lista vazia.

7. [[1,2]|4] não está correta. A cauda não é uma lista.

8. [[1,2],[3,4]|[5,6,7]] está correta. A lista tem cinco elementos.

Solução 4.3

segundo(X,[_,X|_]).

Solução 4.4

```
troca12([H1,H2|T],[H2,H1|T]).
```

Solução 4.5

Cláusula base: a lista de entrada é a lista vazia. Não há nada para traduzir e portanto a lista de saída é também a lista vazia.

```
tradlista([],[]).
```

Cláusula recursiva: a cabeça A da lista de entrada é traduzida usando o predicado trad/2. O resultado é P que passa a ser a cabeça da lista de saída. Traduz-se depois recursivamente o que resta da lista de entrada. O resultado passa a ser o resto da lista de saída.

```
tradlista([A|AT],[P|PT]):-
    trad(A,P),
    tradlista(AT,PT).
```

Solução 4.6

Cláusula base: a lista de entrada é a lista vazia. Assim, não há nada para escrever na lista de saída, e portanto esta é também a lista vazia.

```
duplica([],[]).
```

Cláusula recursiva: os primeiros dois elementos da lista de saída são idênticos à cabeça da lista de entrada. A chamada recursiva constrói a cauda da lista de saída a partir da cauda da lista de entrada.

```
duplica([H|TE],[H,H|TS]):-
    duplica(TE, TS).
```

Solução 4.7

```
?- member(a,[c,b,a,y]).
            |
?- member(a,[b,a,y]).
            |
  ?- member(a,[a,y]).
            |
         sucesso
```

```
?- member(x,[a,b,c]).
         |
?- member(x,[b,c]).
         |
 ?- member(x,[c]).
         |
  ?- member(x,[]).
         |
       falha

?- member(X,[a,b,c]).
    /         \
  X=a        X=_G65
   |           |
 sucesso   ?-member(_G65,[b,c]).
           /              \
      _G65=b       ?- member(_G65,[c]).
        |                   |
      sucesso            _G65=c
                            |
                         sucesso
```

Solução 5.1

1. Resposta do Prolog: X = 3*4. A variável X é instanciada com o termo complexo 3*4.

2. Resposta do Prolog: X = 12.

3. Resposta do Prolog: ERROR: Arguments are not sufficiently instantiated.

4. Resposta do Prolog: X = Y.

5. Resposta do Prolog: yes.

6. Resposta do Prolog: yes.

7. Resposta do Prolog: ERROR: Arguments are not sufficiently instantiated.

8. Resposta do Prolog: X = 3.

9. Resposta do Prolog: no. O Prolog avalia a expressão aritmética à direita de is/2. Tenta depois unificar o resultado com o termo à esquerda de

is/2. Isto falha pois o número 3 não é unificável com o termo complexo 1+2.

10. Resposta do Prolog: X = 3.
11. Resposta do Prolog: yes. 3+2 e +(3,2) são duas formas de escrever o mesmo termo.
12. Resposta do Prolog: yes.
13. Resposta do Prolog: yes.
14. Resposta do Prolog: yes.
15. Resposta do Prolog: no.
16. Resposta do Prolog: yes.

Solução 5.2

```
incremento(X,Y):-
    Y is X + 1.

soma(X,Y,Z):-
    Z is X + Y.
```

Solução 5.3

```
soma_um([],[]).

soma_um([H|T],[H1|T1]):-
    H1 is H + 1,
    soma_um(T,T1).
```

Solução 6.1

```
duplicada(L):-
    append(L1,L1,L).
```

Solução 6.2

Uma solução que usa inv/2:

```
palindromo(L):-
    inv(L,L).
```

Uma solução que não usa o predicado inv/2:

```
palindromo(L):-
   testa_palindromo(L,[]).

testa_palindromo(L,L).

testa_palindromo([_|L],L).

testa_palindromo([H|T],LPal):-
   testa_palindromo(T,[H|LPal]).
```

Solução 6.3

```
elimina_p_u([H|TListaE],ListaS):-
   append(ListaS,[_],TListaE).
```

Solução 6.4

Uma solução que usa inv/2:

```
ultimo(L,X):-
   inv(L,[X|_]).
```

Uma solução alternativa que usa recursão:

```
ultimo([X],X).

ultimo([_|L],X):-
   ultimo(L,X).
```

Solução 6.5

Uma solução que usa append/3:

```
troca_p_u([H1|T1],[H2|T2]):-
   append(Meio,[H2],T1),
   append(Meio,[H1],T2).
```

Uma solução alternativa que usa recursão:

```
troca_p_u([Primeiro,Ultimo],[Ultimo,Primeiro]).

troca_p_u([Primeiro,Proximo|L1],[Ultimo,Proximo|L2]):-
   troca_p_u([Primeiro|L1],[Ultimo|L2]).
```

Solução 6.6

Nesta solução a rua é representada como uma lista de três casas. Uma casa é representada por um termo complexo com três argumentos (cor, nacionalidade, animal de estimação). Verificam-se os requisitos do problema recorrendo aos predicados member/2 e sublista/2.

```
zebra(N) :-
 Rua = [Casa1,Casa2,Casa3],
 member(casa(vermelha,_,_),Rua),
 member(casa(azul,_,_),Rua),
 member(casa(verde,_,_),Rua),
 member(casa(vermelha,ingles,_),Rua),
 member(casa(_,espanhol,jaguar),Rua),
 sublista([casa(_,_,caracol),casa(_,japones,_)],Rua),
 sublista([casa(azul,_,_),casa(_,_,caracol)],Rua),
 member(casa(_,N,zebra),Rua).
```

Solução 7.1

Representação interna das regras da GCD com as quais o Prolog trabalha:

```
s(A,B) :- foo(A,C), bar(C,D), wiggle(D,B).
foo([choo|A],A).
foo(A,B) :- foo(A,C), foo(C,B).
bar(A,B) :- mar(A,C), zar(C,B).
mar(A,B) :- me(A,C), my(C,B).
me([i|A],A).
my([am|A],A).
zar(A,B) :- blar(A,C), car(C,B),
blar([a|A],A).
car([train|A],A).
wiggle([toot|A],A).
wiggle(A,B) :- wiggle(A,C), wiggle(C,B).
```

As primeiras três frases geradas pelo Prolog são:

1. choo i am a train toot

2. choo i am a train toot toot

3. choo i am a train toot toot toot

Solução 7.2

```
s --> [a,b].
s --> a, s, b.
a --> [a].
b --> [b].
```

Solução 7.3

```
s --> [].
s --> a, s, b.
a --> [a].
b --> [b,b].
```

Solução 8.1

```
f --> gn(Num),gv(Num).

gn(Num) --> det(Num),n(Num).

gv(Num) --> v(Num),gn(_).
gv(Num) --> v(Num).

det(_) --> [the].
det(sg) --> [a].

n(sg) --> [woman].
n(pl) --> [women].
n(sg) --> [man].
n(pl) --> [men].
n(sg) --> [apple].
n(pl) --> [apples].
n(sg) --> [pear].
n(pl) --> [pears].

v(sg) --> [eats].
v(pl) --> [eat].
```

Solução 8.2

```
kanga(A,B,C,D,E):-
   canguru(A,B,D,F),
   salta(C,C,F,G),
```

```
        marsupial(A,B,C),
        E=G.
```

Solução 9.1

1. O objetivo ?- 12 is 2*6. tem sucesso.

2. O objetivo ?- 14 =\= 2*6. tem sucesso.

3. O objetivo ?- 14 = 2*7. falha.

4. O objetivo ?- 14 == 2*7. falha.

5. O objetivo ?- 14 \== 2*7. tem sucesso.

6. O objetivo ?- 14 =:= 2*7. tem sucesso.

7. O objetivo ?- [1,2,3|[d,e]] == [1,2,3,d,e]. tem sucesso.

8. O objetivo ?- 2+3 == 3+2. falha.

9. O objetivo ?- 2+3 =:= 3+2. tem sucesso.

10. O objetivo ?- 7-2 =\= 9-2. tem sucesso.

11. O objetivo ?- p == 'p'. tem sucesso.

12. O objetivo ?- p =\= 'p'. dá erro.

13. O objetivo ?- vincent == VAR. falha.

14. O objetivo ?- vincent=VAR, VAR==vincent. tem sucesso.

Solução 9.2

1. O objetivo ?- .(a,.(b,.(c,[]))) = [a,b,c]. tem sucesso.

2. O objetivo ?- .(a,.(b,.(c,[]))) = [a,b|[c]]. tem sucesso.

3. O objetivo ?- .(.(a,[]),.(.(b,[]),.(.(c,[]),[])))=X. tem sucesso e X = [[a],[b],[c]].

4. O objetivo ?- .(a,.(b,.(.(c,[]),[]))) = [a,b|[c]]. falha.

Solução 9.3

```
tipotermo(Termo,variavel):-
   var(Termo).

tipotermo(Termo,atomo):-
   atom(Termo).

tipotermo(Termo,numero):-
   number(Termo).

tipotermo(Termo,constante):-
   atomic(Termo).

tipotermo(Termo,termo_simples):-
   atomic(Termo).

tipotermo(Termo,termo_simples):-
   var(Termo).

tipotermo(Termo,termo_complexo):-
   nonvar(Termo),
   functor(Termo,_,Aridade),
   Aridade > 0.

tipotermo(Termo,termo):-
   tipotermo(Termo,termo_simples).

tipotermo(Termo,termo):-
   tipotermo(Termo,termo_complexo).
```

Solução 9.4

Uma primeira solução na qual não se usa univ:

```
termo_fechado(Termo):-
   atomic(Termo).

termo_fechado(Termo):-
   nonvar(Termo),
   functor(Termo,_,Aridade),
   termos_fechados(Termo,Aridade).
```

```
termos_fechados(_,0).

termos_fechados(TermoComplexo,Arg):-
    Arg > 0,
    arg(Arg,TermoComplexo,Termo),
    termo_fechado(Termo),
    ProxArg is Arg - 1,
    termos_fechados(TermoComplexo,ProxArg).
```

Segue-se uma solução que usa univ:

```
termo_fechado(Termo) :-
      atomic(Termo).
termo_fechado(Termo) :-
      nonvar(Termo),
      Termo = [_|Args],
      termos_fechados(Args).

termos_fechados([]).
termos_fechados([H|T]) :-
      termo_fechado(H),
      termos_fechados(T).
```

Solução 9.5

Dadas estas definições de operadores,

1. X e_um feiticeiro corresponde ao termo Prolog e_um(X,feiticeiro);

2. harry e ron e hermione sao amigos corresponde ao termo Prolog sao(e(harry,e(ron,hermione)),amigos);

3. harry e_um feiticeiro e gosta_de quidditch não é um termo Prolog;

4. dumbledore e_um famoso feiticeiro corresponde ao termo Prolog e_um(dumbledore,famoso(feiticeiro)).

Solução 10.1

```
?- p(X).
X = 1 ;
X = 2 ;
no
```

```
?- p(X), p(Y).
X = 1
Y = 1 ;
X = 1
Y = 2 ;
X = 2
Y = 1 ;
X = 2
Y = 2 ;
no

?- p(X), !, p(Y).
X = 1
Y = 1 ;
X = 1
Y = 2 ;
no
```

Solução 10.2

O programa original indica se um dado número é positivo, zero ou negativo. Para tal usa três cláusulas. Mas se uma delas tiver sucesso na avaliação do objetivo, as outras não se aplicam. Assim, podem acrescentar-se cortes verdes:

```
classe(Numero,positivo):- Numero > 0, !.
classe(0,zero):- !.
classe(Numero,negativo):- Numero < 0, !.
```

Solução 10.3

Uma versão de separa/3 sem usar corte:

```
separa([],[],[]).

separa([Numero|L],[X|Pos],Neg):-
   Numero >= 0,
   separa(L,Pos,Neg).

separa([Numero|L],Pos,[X|Neg]):-
   Numero < 0,
   separa(L,Pos,Neg).
```

Uma versão de **separa/3** com corte:

```
separa([],[],[]):- !.

separa([Numero|L],[X|Pos],Neg):-
   Numero > 0, !,
   separa(L,Pos,Neg).

separa([Numero|L],[X|Pos],Neg):-
   Numero = 0, !,
   separa(L,Pos,Neg).

separa([Numero|L],Pos,[X|Neg]):-
   Numero < 0, !,
   separa(L,Pos,Neg).
```

Solução 10.4

```
comboio_direto(saarbruecken,dudweiler).
comboio_direto(forbach,saarbruecken).
comboio_direto(freyming,forbach).
comboio_direto(stAvold,freyming).
comboio_direto(fahlquemont,stAvold).
comboio_direto(metz,fahlquemont).
comboio_direto(nancy,metz).

viajar_de_para(A,B):- comboio_direto(A,B).
viajar_de_para(A,B):- comboio_direto(B,A).

roteiro(A,B,Roteiro):-
   roteiro(B,A,[B],Roteiro).

roteiro(A,B,Roteiro,[B|Roteiro]):-
   viajar_de_para(A,B),
   \+ member(B,Roteiro).

roteiro(A,C,AteAgora,Roteiro):-
   viajar_de_para(A,B),
   \+ member(B,AteAgora),
   roteiro(B,C,[B|AteAgora],Roteiro).
```

Solução 11.1

Após a avaliação do primeiro objetivo, a base de conhecimento contém:

```
q(foo,blug).
q(a,b).
q(1,2).
```

Após a avaliação do segundo objetivo, a base de conhecimento contém:

```
q(foo,blug).
q(a,b).
p(X):- h(X).
```

Após a avaliação do terceiro objetivo, a base de conhecimento contém:

```
p(X):- h(X).
```

Solução 11.2

1.   Lista = [blug,blag,blig] ;
   no

2.   Lista = [blob,dang] ;
   no

3.   Lista = [blob,blob,blob,blaf,dang,dang,flab] ;
   no

4.   Lista = [blob] ;
   Y = blag
   Lista = [blob,blaf] ;
   Y = dong
   Lista = [dang] ;
   Y = blug
   Lista = [blob,dang] ;
   Y = blob
   Lista = [flab] ;
   no

5.   Lista = [blaf,blob,dang,flab] ;
   no

Solução 11.3

```
:- dynamic sigmares/2.

sigmares(0,0).

sigma(Numero,Soma):-
    sigmares(Numero,Soma).

sigma(Numero,Total):-
    Numero > 0,
    \+ sigmares(Numero,Total),
    NovoNumero is Numero - 1,
    sigma(NovoNumero,SubTotal),
    Total is SubTotal + Numero,
    assert(sigmares(Numero,Total)).
```

Solução 12.1

```
programa:-
    open('hogwart.casas',write,Canal),
    tab(Canal,6),
    write(Canal,gryffindor),
    nl(Canal),
    write(Canal,hufflepuf),
    tab(Canal,6),
    write(Canal,ravenclaw),
    nl(Canal),
    tab(Canal,6),
    write(Canal,slytherin),
    nl(Canal),
    close(Canal).
```

Solução 12.2

```
:- dynamic palavra/2.

lerPalavra(Canal,W,Estado):-
    get_code(Canal,Car),
    testarCarLerResto(Car,Cars,Canal,Estado),
    atom_codes(W,Cars).
```

```prolog
testarCarLerResto(10,[],_,ok):- !.
testarCarLerResto(32,[],_,ok):- !.
testarCarLerResto(-1,[],_,eof):- !.
testarCarLerResto(end_of_file,[],_,eof):- !.
testarCarLerResto(Car,[Car|Cars],Canal,Estado):-
   get_code(Canal,ProxCar),
   testarCarLerResto(ProxCar,Cars,Canal,Estado).

ler_texto(Fich):-
   open(Fich,read,Canal),
   ler_palavras(Canal,ok),
   close(Canal).

ler_palavras(_,eof).

ler_palavras(Canal,EstadoAnt):-
   \+ EstadoAnt = eof,
   lerPalavra(Canal,Palavra,Estado),
   adPalavra(Palavra),
   ler_palavras(Canal,Estado).

adPalavra(Palavra):-
   palavra(Palavra,Freq), !,
   retract( palavra(Palavra,Freq) ),
   NovaFreq is Freq + 1,
   assert( palavra(Palavra,NovaFreq) ).

adPalavra(Palavra):-
   assert( palavra(Palavra,1) ).
```

Apêndice B

Bibliografia adicional

Embora acreditemos que Aprenda Prolog Já! é um bom primeiro livro para aprender Prolog, não deverá ser o último que lê. Para ajudar o leitor a prosseguir, apresentamos em seguida, com comentários, alguns dos nossos textos preferidos sobre Prolog, bem como sobre Inteligência Artificial (IA) e Processamento de Língua Natural (PLN) baseados em Prolog.

Textos sobre Prolog

- Bratko (1990): *Prolog Programming for Artificial Intelligence.* Addison-Wesley. Recomendamos vivamente este livro. Se o leitor gostou de Aprenda Prolog Já! pensamos que vai achar este uma continuação natural. O seu ponto forte é a grande variedade de estilos de programação e de aplicações que apresenta. É um livro grande, e o leitor levará algum tempo a estudá-lo. Mas se o fizer, em breve estará em condições de escrever programas Prolog de grandes dimensões, e, no processo, aprenderá bastante sobre IA.

- Clocksin (2003): *Clause and Effect: Prolog Programming for the Working Programmer.* Springer. Recomendado vivamente. Se o leitor pretende uma continuação de Aprenda Prolog Já! concisa e de carácter prático, que lhe permita aperfeiçoar as suas competências em Prolog, não encontra melhor do que este. Explica alguns aspetos interessantes de índole teórica, mas o seu verdadeiro ponto forte é o facto de estar baseado em coleções de problemas. Resolva esses problemas, e em breve levantará voo.

- Clocksin e Mellish (1987): *Programming in Prolog.* Springer. Este é um dos primeiros textos, se não mesmo o primeiro, sobre programação em Prolog. Não vai muito mais longe do que Aprenda Prolog Já!, mas está escrito de uma forma clara, e a apresentação das GCDs, bem como a ligação entre a lógica e o Prolog, são acessíveis e merecem ser consultadas.

- O'Keefe (1990): *Craft of Prolog*. MIT Press. Este é o livro que o leitor deverá ler quando estiver convencido que já sabe tudo sobre Prolog, e já nada tem a aprender. A menos que seja um verdadeiro guru em Prolog, rapidamente perceberá que existem níveis mais profundos do que à partida pensaria, e que ainda tem muito que aprender. Soberbo.

- Sterling e Shapiro (1994): *The Art of Prolog*. MIT Press. Em Aprenda Prolog Já! praticamente não abordamos o conceito mais abstrato de programação em lógica. Se o pouco que referimos lhe despertou o interesse, este é o livro que deve ler em seguida. Escrito de forma clara, este livro dar-lhe-á uma boa base teórica da programação em lógica, e estabelece uma ligação com o mundo prático do Prolog.

Aplicações do Prolog em IA e em PLN

- Blackburn e Bos (2005): *Representation and Inference for Natural Language. A First Course in Computational Semantics*. CSLI Lecture Notes. Apresenta a semântica da língua natural de um ponto de vista computacional, usando o Prolog como linguagem de implementação. O texto Aprenda Prolog Já! foi originalmente concebido como um apêndice a este livro.

- Covington (1994): *Natural Language Processing for Prolog Programmers*. Prentice-Hall. Um texto sólido e bem escrito sobre PLN que usa o Prolog como linguagem de implementação. Se nunca estudou PLN, e quer aplicar os seus conhecimentos de Prolog, este é um bom ponto de partida.

- Pereira e Shieber (1987): *Prolog and Natural Language Analysis*. CSLI Lecture Notes. Um clássico. Muitas gerações de alunos de doutoramento já queimaram as pestanas neste livro. Leitura obrigatória.

- Reiter (2001): *Knowledge in Action: Logical Foundations for Specifying and Implementing Dynamical Systems*. MIT Press. Este livro estuda, estende e implementa o Cálculo de Situações, um bem conhecido formalismo da IA para representar e raciocinar acerca de evolução de informação. É um texto importante, e pode não ser totalmente acessível se o leitor não tiver algumas bases teóricas. Mas como exemplo de como o Prolog pode ser utilizado, é difícil de ultrapassar.

- Shoham (1994): *Artificial Intelligence Techniques in Prolog*. Morgan Kaufman. Este texto estuda e implementa uma vasta gama de técnicas e conceitos em IA, incluindo pesquisa em profundidade, pesquisa em largura, *alpha-beta minimax*, encadeamento, sistemas de produção, raciocínio sob incerteza e STRIPS.

Apêndice C

Ambientes Prolog

Estão disponíveis diversos ambientes Prolog e o melhor talvez seja fazer uma pesquisa na internet para ver o que existe. No entanto, apresentamos de seguida uma lista com os quatro sistemas mais usados.

- **SWI-Prolog**
  Um ambiente Prolog gratuito, sob licença pública *GNU Lesser*. Este popular interpretador foi desenvolvido por Jan Wielemaker.
  http://www.swi-prolog.org/

- **SICStus Prolog**
  Ambiente Prolog industrial do Instituto Sueco de Ciência da Computação.
  http://www.sics.se/sicstus/

- **YAP Prolog**
  Um compilador Prolog desenvolvido na Universidade do Porto e na Universidade Federal do Rio de Janeiro. Utilização gratuita em ambientes académicos.
  http://www.ncc.up.pt/~vsc/Yap/

- **Ciao Prolog**
  Um outro ambiente Prolog disponibilizado sob licença pública *GNU*, desenvolvido na Universidad Politécnica de Madrid.
  http://clip.dia.fi.upm.es/Software/Ciao/

Índice de predicados

,/2, 6
./2, 164
;/2, 7
</2, 97
=../2, 172
=/2, 24
=:=/2, 97
=</2, 97
==/2, 160
=\=/2, 97
>/2, 97
>=/2, 97
\=/2, 43
\==/2, 161

append/3, 106
arg/3, 172
assert/1, 204
asserta/1, 207
assertz/1, 207
at_end_of_stream/1, 225
atom/1, 167
atom_codes/2, 173, 225
atomic/1, 167

bagof/3, 211

'C'/3, 130, 136
close/1, 223

display/1, 179

ensure_loaded/1, 219

findall/3, 209
float/1, 167
functor/3, 170

get_code/2, 225

integer/1, 167
is/2, 90

listing/0, 17

max/3, 192
member/2, 76
module/2, 221

nl/0, 182, 220
nl/1, 223
nonvar/1, 167
notrace/0, 45
number/1, 167
number_codes/2, 174

op/3, 176
open/3, 223, 224

read/2, 224
retract/1, 204
retractall/3, 208

setof/3, 213

tab/1, 182, 220
trace/0, 44

unify_with_occurs_check/2, 30
use_module/1, 222
use_module/2, 222

var/1, 167

write/1, 180
write/2, 223

duct-compliance